U0621816

王启松 著

只吃天鹅肉的不是好蛤蟆

哈尔滨出版社
HARBIN PUBLISHING HOUSE

图书在版编目（CIP）数据

不贪吃天鹅肉的蛤蟆不是好蛤蟆/王启松著. —哈
尔滨：哈尔滨出版社，2022.6
ISBN 978-7-5484-6470-9

Ⅰ.①不… Ⅱ.①王… Ⅲ.①成功心理 – 通俗读物
Ⅳ.①B848.4-49

中国版本图书馆CIP数据核字（2022）第051773号

书　　名：**不贪吃天鹅肉的蛤蟆不是好蛤蟆**
　　　　　BUTANCHITIANEROU DE HAMA BUSHIHAOHAMA

作　　者：王启松 著
责任编辑：李金秋
装帧设计：博鑫设计

出版发行：哈尔滨出版社（Harbin Publishing House）
社　　址：哈尔滨市香坊区泰山路82-9号　　邮编：150090
经　　销：全国新华书店
印　　刷：上海新艺印刷有限公司
网　　址：www.hrbcbs.com
E – mail：hrbcbs@yeah.net
编辑版权热线：（0451）87900271　87900272
销售热线：（0451）87900202　87900203

开　　本：787mm×1092mm 1/32　印张：5　字数：52千字
版　　次：2022年6月第1版
印　　次：2022年6月第1次印刷
书　　号：ISBN 978-7-5484-6470-9
定　　价：38.00元

凡购本社图书发现印装错误，请与本社印制部联系调换。
服务热线：（0451）87900279

时间是换取成功的法宝

理想是学生们最为关注的话题之一。但怎样去实现理想，怎样才能拥有一个成功的人生一直是困惑大多数学生的世纪难题。大多数人自幼就有着各式各样，或大或小的理想，可惜在遇到困难时，特别是遇到强大竞争对手时，他们常常因为对对手的畏惧而纷纷退场，让那些原本美好、甜蜜、充满幻想和激情的理想销声匿迹。

在面对强大竞争对手时，对竞争对手的畏惧常常是第一个出现在我们面前的拦路虎。本人就曾遇到过这样的拦路猛虎。那是1965年9月1日，当我大学毕业来到中外驰名的中国科学院上海生物化学研究所（以下简称生化所）报到时，眼前的场景把我吓了三大跳：（1）生化所所有科研项目都与生物学相关，而我是学化学的，我不得不接受自己身为"生物学文盲"的残酷现实；

（2）一位同事在得知我是学俄语的时候坦率地对我说："在生化所不懂英文就是一个文盲。"当我正为如何摆脱"生物学文盲"发愁时，我的头顶上又多了一顶沉甸甸的"英语文盲"帽子；（3）在生化所200多名科研人员中，除了众多的留美、留英、留苏的博士和教授外，余下的大多数人都是来自北大和复旦生物系的高才生。在这200多名科研人员中，还有许多大学校长、著名教授、富商的后代。他们才华横溢、风华正茂、颜值高，给人高大上的美好感观和印象。与这众多的科研精英、高手、牛人比，我与他们之间的差距已不是大西瓜和小西瓜的差距，而是高山与小土丘的差距。尽管相差悬殊，困难重重，但我却没有丝毫的畏惧，以我学生时代的经验告诉自己，时间能帮我弥补差距，填补空缺，帮我由弱变强，超越他人，实现梦想。

24岁那年，在贪吃"天鹅肉"强烈欲望的驱使下，我义无反顾地踏上了"用时间换取成功"的孤独、艰难而又漫长的征途。

在历经第一个10年的孤军奋战后，我不仅甩掉了生物学和英语文盲的帽子，而且能与生化所的大多数精英们平起平坐了；在继续奋战的第二个 10 年后，无论在科研成果和获得 863 项目资助的数量上，还是在名气上，我已遥遥领先。1986 年那年，我还荣幸地被中华人民共和国国家科学技术委员会聘为中国生物高技术 863 专家组的成员。那时能享受此殊荣的在全国也只有 10 人左右，其中"杂交水稻之父"袁隆平教授赫然在列；在艰苦奋战的第三个 10 年里，我下海创业，不仅意外地成了中国生物工程行业的龙头老大，而且在 DNA 合成、DNA 测序、基因合成等领域在全世界上也名列前茅。

岁月不饶人，在继续奋战的第四个 10 年，我已步入古稀之年。这时，我仍有贪吃"天鹅肉"的欲望，我的理想是通过写书和演讲把我学生时代发明的既科学又高效的英语逆向学习法和高密度学习法传授给两亿在读的中国大中小学学生们，帮助他们提高学习效率和学习成绩。为此，我弃商从教，走南闯北，含辛茹苦，十年如一日，为包括北大、清华在内的大中学校做过近 300 场的公益演讲。

当我不知不觉进入耄耋之年时，我又有

了奇想，我的第六感觉指引我：如果我能像
30年前推销DNA合成产品那样，迈开双腿，
不辞劳苦、马不停蹄、挨家挨户地去拜访中
国大江南北的数以百计，甚至数以千计的中
学校长们，向他们建言："如果您的学校能
将英语逆向学习法和高密度学习法纳入你们
的教学中，这些高效的学习方法不仅帮助您
的学生的各科学习成绩能有大幅的提高，在
日后的中高考中有卓越的表现，而且贵校的
地位和名望也能水涨船高。"我的这一奇想
奇迹般地得到了印证。在我的苦口婆心地推
介下，来自山东、湖北、云南等地的五所中
学的校长和老师们被我的真情打动，他们不
仅对英语逆向学习法和高密度学习法给予了
极高的评价，而且还答应立即行动起来。截
至目前，已有近百个英语、生物、化学、政治、
历史、地理的试点班正在紧锣密鼓地运行之
中，并已初见成效。与全国数以万计的中学
比，这100个试点班的数字微不足道，只是
沧海一粟，但初见成效的结果已显示出这两
个学习方法的强大生命力。我仍旧在马不停
蹄地奔跑着，我要用我有限的夕阳时光去换

取更多中学校长的支持。把英语逆向学习法和高密度学习法推向全国是一项极其艰巨、孤独、漫长而又光荣的任务，是一个利在千秋的勇敢尝试。它是我 80 年人生中邂逅的第七只，也是最大的一只"天鹅"。

时间无形，看不见，摸不着，但它有着巨大的力量。当你在实现理想的征途中因为遭遇困难而踌躇不前的时候，作为你最忠实和最可靠帮手的时间能帮你渡过难关，走出困境，铸就辉煌。

用时间换取成功不是戏言，它是所有成功人士秘而不宣的秘籍。

上帝是公平的，它不仅给了我们每一个人为实现各自理想相对充裕的时间，而且给予我们每一个人大致相同的时间。

此书为在读的中国两亿大中小学学生而写，对广大的中小学教师、校长和学生家长也有参考价值。

王启松

2022 年 1 月

目录 CONTENTS

亲爱的老师们和同学们：

我十分感谢×××老师为我的这次演讲做的精心安排。

我曾为全国大中学校学生做过近300场题为《以勤奋为信仰者,定成大器》的演讲,历时10余年。今天,我把演讲题目改为《不贪吃天鹅肉的蛤蟆不是好蛤蟆》是因为:（1）这两个演讲题目的含义大体上是一致的,都是励志的,都与成大器有关。《以勤奋为信仰者,定成大器》的演讲题目直接用上了"成大器",《不贪吃天鹅肉的蛤蟆不是好蛤蟆》的演讲题目用贪吃天鹅肉比喻成大器;（2）把"贪吃天鹅肉"比喻"成大器"更能吸引听众的眼球,也算是与时俱进吧！

为了让演讲更生动一些,我仍用自己的

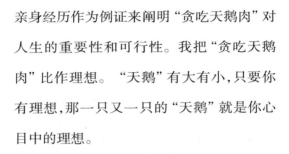

亲身经历作为例证来阐明"贪吃天鹅肉"对人生的重要性和可行性。我把"贪吃天鹅肉"比作理想。"天鹅"有大有小,只要你有理想,那一只又一只的"天鹅"就是你心目中的理想。

托尔斯泰曾说:"理想就像鸟儿的翅膀,没有了理想,就像鸟儿折断了翅膀,再也不能飞翔。"

理想催人奋进。理想如犁,为我们开垦出美丽的田园;理想如清风,帮助我们头脑清醒,不迷失方向;理想如同甘露,滋润着禾苗茁壮成长;理想如同一盏明灯,照亮我们前进的方向;理想是一把钥匙,能开启成功的大门;理想如火,燃起了我们心中的希望;理想是号角,是战鼓,它激励我们勇往直前;理想是我们最忠诚的朋友,它陪伴我们一生，并把我们送到成功的殿堂。

相反，没有理想的人生是迷茫的，他们的一生可能是碌碌无为的。

我一生有过七次获取"天鹅"经历，大多都成功了。捕获最后一只，我心目中最大的一只"天鹅"是一项长期的计划，正在进行之中。

我的演讲稿分成两个版本，一个是为大学生、硕士生、博士生而写的；另一个为中学生而准备的。给大学生讲述的是七只"天鹅"的故事；而给中学生讲述的只有六只"天鹅"。这多出的那只是关于爱情的故事。

如果说，我的一生算得上是小有成就，那这些成就的获得都起源于我对"贪吃天鹅肉"的欲望。没有了这些欲望（理想），我的一生可能是平淡乏味，甚至是碌碌无为的。

此演讲分为三个章节：第一章是关于七只"天鹅"的故事；第二章是："刻意练习"助你梦想成真；第三章是：时间是换取成功的法宝。

下面，我将开始我的演讲。

1

七只"天鹅"

第一只"天鹅" 一个美丽动人的女孩

我读小学时调皮、淘气、贪玩、任性、不爱学习、不遵守纪律，浑身上下没有一点可爱的地方。小学五年级，我连留两级，打破了当时黄石小学的历史纪录。小学时由于调皮，我的右腿骨折过；中学时由于调皮，

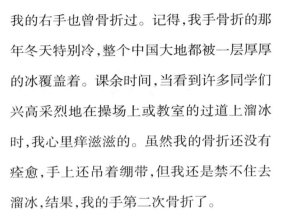

我的右手也曾骨折过。记得，我手骨折的那年冬天特别冷，整个中国大地都被一层厚厚的冰覆盖着。课余时间，当看到许多同学们兴高采烈地在操场上或教室的过道上溜冰时，我心里痒滋滋的。虽然我的骨折还没有痊愈，手上还吊着绷带，但我还是禁不住去溜冰，结果，我的手第二次骨折了。

因为打架，小学时我被记大过一次；中学时，被严重警告过一次。说起来，我这两次被处罚也是够冤枉的，都是别人先打我，我是"正当防卫"。但我"正当防卫"的时机不巧，正好都是在上课铃刚刚响起的时候。我踩到了红线，自认倒霉。

读小学时，因为淘气或学习成绩不及格，妈妈经常打我。每当我看到妈妈发怒，扬起那小竹条准备向我劈头盖脸打来的时候,我立刻夺门而逃。如果是白天,我不担心,我可以趁机到外面去玩玩。但到了晚上,我有点着急了,我得回家吃饭、睡觉,我总不能在外面过夜吧!为了不受留宿在外和皮肉之苦,我别无选择,只好想方设法去讨好她。为此,我常常会在家门口反复大声唱当时社会上最流行的电影《夜半歌声》的那一段插曲:"追兵来了,可奈何?娘啊,我像小鸟回不了窝,回不了窝。"我一边唱,一边观察她的脸色,如果她笑了,就表明她不会打我了,我就立即回去。如果她没反应,仍旧生气,我就继续大声唱,还自编一些歌词逗她笑。毕竟妈妈的心是肉做的,唱过七八遍后,她的气也消了。这一招挺管用,总能让我逃过惩罚和皮肉之苦。

1956 年 3 月 8 日,我又闯祸了。那天是"三八"妇女节。学校规定,女同学可以去市中心的工人文化宫看电影,男同学必须留在教室里自修。那时黄石一中共有40个班左右。其他39个班的男生都安分守己,安心在教室里自修,只有我所在的初三六班出现了骚动。我对在座的几十位男生大声说:"现在已经解放七八年了,男女平等了,让我们留下自修,女同学可以去看电影,这是明显的男女不平等。"听到下面还有一些附和声,我更来劲了,说:"不管三七二十一,我们也要看电影。"说完后,我径直向教室的大门冲去,尾随我后面的还有其他三名同学。我的"勇敢"行为很快就被通报到校长那里。在不久召开的一次全校大会上,李绍南校长点名批评我说:"尤其是初三六班的王启松等四名同学毫无纪律性……”幸好，这次没有处分我。要是我再次受到处分，我可能被开除。

我庆幸有两个女儿，没有儿子。如果我有一个像我小时候那样调皮、淘气的儿子，我还真的不知道怎么应付。

1954年9月，我考上了湖北黄石一中。黄石一中是一所优质的学校。除正常的教学外，学校还经常组织和举办一些诸如运动会、文艺表演等大型活动。而在每次这样的活动中，一个女孩——初一一班的邱丽荣显得特别耀眼。她，活泼可爱、天生丽质、穿着时髦，不仅能歌善舞，是每场文艺晚会上的主角，还是运动会中的短跑健将。据说，她的学习成绩也特别好。她的普通话是全校最棒的，她还是学校唯一的播音员。每天中午12点和下午5点左右，在学生就餐时，我总会竖起耳朵，专心致志地聆听她从喇叭那里传来的声音。情人眼里出西施，我对她怀有特别的好感，她的声音是那样清脆、悦耳、甜美、娓娓动听、令我陶醉。

20世纪50年代，绝大多数的家庭都很穷，而她的家境却特别优裕，因为她父亲是留美博士，是大冶钢厂的总工程师。在黄石一中数千名男同学眼中，至少在我眼里，她像是一位高雅、艳丽、高不可攀的"公主"。每次只要她出现在我的视野里，在操场上，在饭堂里，在教室的过道上，我总会情不自禁地把眼光聚焦在她身上，目不转睛，直到目送她离去。我暗自叹息，我要是能和她在一个班该多好呀！我不仅每天能近距离地看到她，还可以和她攀谈。随着岁月的流逝，我对她的爱慕之情也与日俱增。滴水成

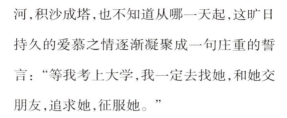

河,积沙成塔,也不知道从哪一天起,这旷日持久的爱慕之情逐渐凝聚成一句庄重的誓言:"等我考上大学,我一定去找她,和她交朋友,追求她,征服她。"

1957 年,我读高一的时候,她的父亲已调到武钢,任武钢的总工程师。她也随着全家去武昌青山中学读书。自那以后,她从我的视野中彻底消失了。虽然我再也没有机会见到她,但她那美丽的容貌和那悦耳的声音仍旧让我记忆犹新,难以忘怀。那藏于我内心深处的誓言火种仍旧在缓慢地燃烧着,从未熄灭过。与她美好形象形成巨大反差的是,我不仅不爱学习,土里土气的,而且还"负案在身",曾有过两次受处分的不光彩记录。为了弥补这巨大的差距,做到,或接近做到与她门当户对,我别无选择,我必须改变自己,奋发图强,力争做一个出类拔萃的好学生,以缩短我们之间的差距,为将来有一天向她求爱奠定基础。

她是我人生中的第一只"天鹅"。

自从我下决心刻苦学习之后,我各科学习成绩一路飙升。我学习成绩的迅速"崛起"尤其表现在俄语上。那时的我不仅是班级和年级的第一名,而且我还具备了把年级第二名远远抛在后面的能力。口说无凭,有例为证。例1.读高中时,俄语老师吴万宝老师有一个习惯,每次下课前,她总会留5分钟左右的时间提问,并且规定,凡答不出问题的同学必须站着。常有四五个同学因为答不出问题而站着的时候。这时快要下课了,为了找一个能正确回答问题的同学,她总是不假思索地点我起来回答,而我似乎从不会辜负她的期望。每次，当我站起来并正确地回答问题后，那原来站着的几位同学都能同时坐下来。这种感觉实在是太棒了，我似乎成了解救人质的英雄。而这样的场面并非偶尔才出现，而是每个星期都可能发生。例 2. 俄语老师黄老师为了提高学生的俄语会话能力，特地开办了一个"课外俄语会话小组"，他从四个班的每一个班各挑选两名俄语成绩最好的同学，共八人，我在其中。俄语会话小组每个星期活动一次，每次大约 45 分钟。每次会话由黄老师发起，他出题目，我们去展开和发挥，规定不许讲中文。每次活动其他七名同学基本上都无法开口，即使偶尔开口也是结结巴巴的，唯独我能比较流利地用俄语对话和表达，有时还滔滔不绝。每次俄语会话活动基本上

都是我一个人在唱独角戏。

我的俄语之所以有如此超群的表现得益于我发明的"逆向学习法"。和其他同学读俄语的方法截然不同的是，我的方法是先把俄语课文翻译成中文，然后看中文背俄文。半个多世纪以来，我还一直以为，除我采用此方法外，至少还有一些同学用的也是逆向学习法。我哪里会想到，我的逆向学习法在中国竟然是一个孤品，一百多年以来，似乎还没有第二个人采用过。我更不会想到，在我步入耄耋之年之际，英语（外语）逆向学习法成了我试图捕获第七只"天鹅"的重要理论依据。

我自幼就喜欢运动。小学四年级前，我爱上了打弹子。在学校里，在家里，我只要一有空，就会向他人发起挑战。每次出征，我总是凯旋,并带回满口袋的战利品。读四年级后,我开始喜欢打乒乓球了。我们三人、范贤国、单成福和我还曾组成了一支为"三剑客"乒乓球队,经常代表"大王庙小学"向兄弟学校发起对抗赛的挑战。在我的记忆中,我们的战绩辉煌,其他兄弟学校根本不是我们的对手。

在所有我喜爱的运动中,能让我感到有点骄傲的要算踢毽子了。我的毽子踢得特别好,曾和同班的袁巨才同学一起赢得黄石一中毽子比赛的双人组冠军。我踢的毽子要比你们在电视中看到的那种单脚立地的踢法复杂得多,也好看得多。我踢的是花样毽子,是双脚跳动的。我用左脚踢毽子,用右脚配合左脚做各式各样的花样,共有 14 种不同的花样。自我长大后,我就不曾看过

● 武汉大学足球代表队，王启松为后排右起第四人

有人踢这样的花式毽子。我估计，这种花式踢毽子已失传了。

初中时，我们六班在全校的足球循环赛中得了亚军。之后，我被选为黄石青少年足球代表队的成员。读大学时，我既是武汉大学足球代表队的成员，还是武汉市高校代表队的成员。

读初高中时,我经常代表黄石队参加全省每年一度的青少年足球赛。每次比赛常常持续 10 天左右。虽然我喜爱足球,但频繁的比赛和训练也让我缺了不少的课。为了能跟上同班同学的学习进度,在比赛和训练之余,我总会躲在一个安静的地方,专心致志地读书,而其他队友,只要一有空,他们就会自动地聚集在一起聊天。他们谈天说地,什么都说。我几乎从不参加他们的聊天,因为我心中装有理想,除了心中的那只"天鹅"外,我还想成为一名杰出的科学家。在通往未来的人生道路上,我有堆积如山的事要做,我得争分夺秒,先得把书读好。

1959 年 3 月 10 号,噩耗传来,我母亲因为胃癌突然离世,那年她才 40 多岁。母亲的去世让我的家境一落千丈。那时,我父亲每月的工资才40多元。这40多元的工资很难维持一个六口之家的生活。离高考的日子越来越近,我不忍心看到瘦小的父亲为我们兄妹五人过度操劳。突然有一天,我对父亲说:"我们家太穷了,我不忍心看到您那样的辛苦,我还是早点去参加工作,帮帮您,也帮帮我们这个家。"听说我不打算高考了,一向和蔼可亲的父亲突然勃然大怒对我说:"快要高考了,你怎么能打退堂鼓。你只管好好读书,家里的事让我慢慢解决。"听到父亲这番话,我感激涕零。我是多么的幸运,遇上了一个慈祥、崇尚读书的父亲,遇上了万里挑一的好父亲。

高考前,我每天都是提心吊胆的。谢天谢地,高考发榜的那一天,我接到武汉大学化学系的录取通知书。

1960年9月1号那天，父亲陪我来到美丽的武汉大学报到。就在这开学的第一次班会上，我第一眼就被一位女孩吸引住了。她就是后来成了我妻子的闵永洁。她那迷人的姿态像是一幅美丽的画卷，文静、美丽、聪颖、高雅、楚楚动人。尽管她是那样的迷人，但我对她并没有非分的想法，因为只有邱丽荣才是我心中的"天鹅"。

1960年10月的某一天，埋藏于我心灵深处长达六年的"火种"突然升温，让我有坐立不安的感觉。在好友李孝伟——邱丽荣曾经的同班同学的陪同下，我们来到了邱丽荣所在的单位——武汉人民艺术剧院（以下简称武汉人艺），与她见面。这时的邱丽荣既是武汉人艺的学员，也是当红演员。自那以后,我和邱丽荣开始了频繁的书信往来。我感谢她的慷慨,把一半的周末时间留给了我。每两个周末中的一个,我怀着兴奋的心情和她约会;我们一起逛街;去附近的中山公园谈心聊天;我还曾邀请她到我表姐家做客;她还常常把我带到她单位里的一个小放映厅里,两人一起看电影。有一次,她还特地安排我和她的父母见面。

一年之后的 1962 年的 2 月,我自认为我们的恋爱关系已到瓜熟蒂落的程度了,在无比激动和兴奋心情的驱动下,我提笔给她写了一封长达 13 页的情书。很快,我就收到她的回信了。和以往所有她写给我的信不一样的是,她第一次把我的称呼从"王启松"简化为"松",而落款也从"邱丽荣"改为"荣"。信中还对我承诺说:"相信,幸福一定属于你。"从这些措辞中可以明显看出，她已经接受我了。但在信尾，她却补充了一句话说："我们俩才认识一年多一点点，我们彼此之间还需要进一步了解。"看到这句话，我火冒三丈，在冲动下，我立即回信把她痛骂了一顿。回想起来，她的这话没有丝毫的过错。我之所以对她的这句话如此反感是因为我过于追求完美，我想："我是百分之一百地爱你，我也要你百分之一百地爱我。"因为期望值太高，稍微一点点不如我意就让我气急败坏。没想到，这封信竟成了我俩的绝交信。自那以后，她不再理睬我了。

冲动是魔鬼，就这样已到手的"天鹅"被我的鲁莽行为给弄飞了。当我认识到自己的鲁莽行为后，为时已晚。我读书的表现是比较优秀，而对于恋爱，我却是一个鲁莽的失败者。一年后，我们又恢复了通信，但我们不再是恋人了，只是一般的朋友。我失恋的消息在班级里不胫而走，可能也传到闵永洁的耳朵里。

虽然我和闵永洁同班，也有见面的机会，但每次见面都属于点头之交。但自我和邱丽荣断绝关系后，她出现在我眼前的频率明显增多。一次星期六的下午，她主动找到我，并邀请我一起回到我们在汉口各自的家里。她的家在汉口上海路。我的周末大多数是在我表姐家里度过的，表姐家在民权路，离闵永洁的家只有七八分钟的路程。虽然我感到有些意外，但我欣然答应了。自那以后，我们每个周末都约好一起回家。虽然我还没有完全从失恋的痛苦中恢复过来，但对闵永洁的盛情邀请，我心里乐滋滋的。

● 1962年王启松与闵永洁在长江大桥的合影

一个星期天的傍晚,在我们俩回校的路上,她突然对我说:"我和你经常在一起是有顾虑的,我怕别人说是我把你从那位演员身边夺走的。"我急忙向她解释说:"我和她已不来往了。"之后,我们的交往更加频繁和密切。1962 年的 5 月 31 日,闵永洁约我一起去武昌剧场看《茶花女》的话剧。看完话

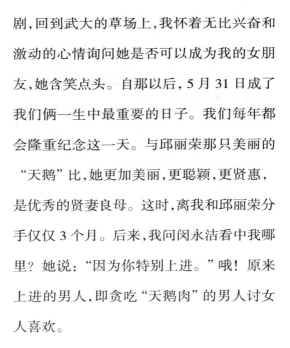

剧,回到武大的草场上,我怀着无比兴奋和激动的心情询问她是否可以成为我的女朋友,她含笑点头。自那以后,5月31日成了我们俩一生中最重要的日子。我们每年都会隆重纪念这一天。与邱丽荣那只美丽的"天鹅"比,她更加美丽,更聪颖,更贤惠,是优秀的贤妻良母。这时,离我和邱丽荣分手仅仅3个月。后来,我问闵永洁看中我哪里?她说:"因为你特别上进。"哦!原来上进的男人,即贪吃"天鹅肉"的男人讨女人喜欢。

我和闵永洁的姻缘像是老天的特意安排。我俩来自不同的城市,却同时报考武汉大学,不约而同地选择了化学专业,又分到一个班。从概率上,我能与她相识本身就是一场奇遇。还有,我在读小学时曾连留两级。要不是我连留两级,我注定会错过这份良缘。我真的要感谢上帝,感谢他的精心安排,把一个美好的姻缘赐给了我。

我们的爱是那样的真诚和炙热,只要我俩在一起,就会感到无比的快乐和幸福,我们无所不谈,心心相印,亲密无间。而在那时,全国所有的大学都规定大学生是不允许谈恋爱的。因为这规定,其他同学都及时和机智地调整了他们的"作战"方案,把阵地战改为游击战。只有在夜幕降临之后,他们才纷纷出来约会。唯独我们俩,不识时务,毫无顾忌,傻乎乎的,既不把学校的规定放在眼里,也不顾及他人的感官。那时,我俩似乎成了武汉大学一道亮丽的风景线。除了白天外,我们俩还约定晚上见面。晚上九点是晚自习下课的时间,每当下课的铃声响

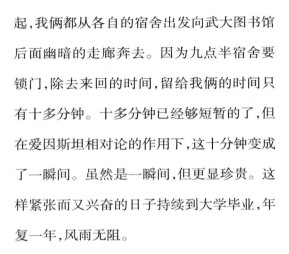

起,我俩都从各自的宿舍出发向武大图书馆后面幽暗的走廊奔去。因为九点半宿舍要锁门,除去来回的时间,留给我俩的时间只有十多分钟。十多分钟已经够短暂的了,但在爱因斯坦相对论的作用下,这十分钟变成了一瞬间。虽然是一瞬间,但更显珍贵。这样紧张而又兴奋的日子持续到大学毕业,年复一年,风雨无阻。

为了表达对她火一般的爱,我开始尝试写诗。为了写诗,我从图书馆里借来了闻一多、郭沫若、艾青等诗人的诗集,一边学习,一边模仿。我写给她的第一首诗是:

五月的夜,芬馨芳香,

皎洁的月色洒在东湖上,

周围的一切早已进入梦乡,

唯有我这颗眷恋的心还如此的激荡。

一轮皎月挂在天上,

它像你那伶俐的眼睛在向我窥望,

它那银色的光辉,

就像你的温柔的情感一样。

我信步来到草场上,

这儿似乎是我俩到过的地方,

你看,那踏平的草丛里,

还留下我俩脚印的模样。

我又漫步来到小溪旁,

清澈泉水潺潺作响,

它像是你那亲切的耳语,

又好像你在低声地歌唱。

我总共给她写了四五十首诗,可惜,这些凝聚我心血和激情的诗没有保存下来。要是留到今天,我说不定还能出版一集《启松情诗集》。

1968 年,我们成家了。她是典型的贤妻良母,是我事业上的得力帮手。我走南闯北,她都跟随我,无怨无悔。我俩有着截然相反的性格,她沉着、稳重、节俭、不张扬,而我,热情、好动、倔强、张扬、野心勃勃。

不幸的是,11 年前,她患上肺癌。一年后,她永远地离开了我。生病的日子是她最痛苦的时刻,她不能进食,只能吃点稀饭和牛奶。原来我们住在二楼,她已无力上楼了,我只好在一楼搭了一张床,我就睡在靠近她的沙发上。那段日子里,我有幸能 24 小时陪伴和守护她。为了让她忘记疾病的痛苦,我设法让时光倒流,定格在我们的大学时代。我试图把那发生在 50 年前最美好的情景一幕一幕复原,把它编成一个个的故事,反复和不厌其烦地讲给她听。我还把我俩的,女儿的,几个外孙的所有照片都翻出来,试图把它们编成一部爱的纪录片,放给她看。偶尔,由于长时间疾病的折磨和对死亡的恐惧,她也有过短暂的牢骚,但事后,她后悔莫及,用她那冰凉和颤抖的手抚摸我的脸,说对不起。为了给她尽可能多的温馨,我常常让她依偎在我的身旁,有意或无意地把我那温暖的脸贴在她那冰凉和憔悴的面颊上。我对她开玩笑说:"下辈子,我还要去找你的。"她含笑点了点头。我说:"这次,我可没耐心等到读大学才去找你,也许等我刚刚学会走路,就会去找你。"说完这句话,她脸上露出来了久违的笑容,她笑得是那样的甜蜜和灿烂。

在给大学生的演讲中,我常说:"爱情像是工艺品,需要精心雕琢。为了圆满的爱情,我们应该把细致入微的爱献给对方。"有的同学当场发问说:"您能不能举例说明什么是细致入微的爱。"于是我举了一个例子,我说:"1969—1973 年期间,我们有了两个女儿。每天半夜,闵永洁都要为女儿喂奶 1—2 次。喂奶时,她怎么坐也不会感到舒适的。如果靠着床坐,她的腰间缺少支撑的东西。如果给她 2—3 个枕头,枕头硬度和高度都难以让她有舒适感。为了让她坐得舒服,我总会在第一时间把我的整个身体横在她的后面。当她喂奶完毕,我再入睡。我似乎从未失误过。当我把这事告诉我的朋友和同事时,他们感慨地说:世界上居然还有这样细心的男人。其实,我是一个粗心的人,我那细致入微的举动源自我心中那真切的爱。"

这是我第一只"天鹅"的故事。原来心中的"天鹅"是另一位美丽而又优秀的姑娘,把闵永洁这只更美丽、更优秀的"天鹅"替换给我是上帝的恩赐和特意的安排。和闵永洁喜结良缘是我一辈子盖过一切、最美好、最珍贵、最值得珍惜和纪念的大事件。

第二只"天鹅"　一道数学死题

1956 年,我正在黄石一中读初三。数学老师邹老师曾在课堂上特意告诫我们说："不要把时间浪费在破解"任意角三等分"上，因为这是一道死题。在"贪吃天鹅肉"惯性的冲动下，我不仅没有听信老师的劝告，反而决定要亲自试一试。我想，万一成功了，那该是一件多么了不起的成就。想破解任意角三等分成了我人生中的第二只"天鹅"，那年我 15 岁。

为了破解任意角三等分，我足足花了一个学期的时间。那段日子，我冥思苦想，废寝忘食，一有空，就兴奋地拿起笔和纸，比比画画，期盼着奇迹的出现。尽管我竭尽全力，如痴如醉般地忙碌了半年，其结果不言而喻，我以失败告终。

虽然失败了，但我的数学成绩却因此而突飞猛进，并有幸打破数学书本的纪录。那是 1958 年我读高一的时候。当时数学老师邓雄辉老师决定组成一个课外数学研究小组,从四个班的每一个班选两名数学成绩最好的人参加,共八人,我在其中。一次,邓老师为我们八人出了一道数学题,他说:"这道题有七种解法,要把七种解法全部列出来是很难的。"大约 30 分钟后,有人列出了五种,有的列了六种,个别的列了七种,而我却列出了八种。这让在座的所有人都感到无比的惊讶。邓老师对我说:"王启松,你不要开玩笑,这道题,我是从书本中抄来的,它是一个经典的数学题,只有七种解法,不可能有八种解法。"于是邓老师好奇地带领其他七位同学一起对我的第八种解法进行推算和验证。结果证明,我的第八种解法不仅完全正确,而且更简便。邓老师激动地对我说:"你真了不起,你打破了书本的纪录。"我早已把这事忘得一干二净,只是前几年回到黄石和老同学聚会时,许汉文等同学旧事重提,才让我想起这段传奇般的光荣往事。

塞翁失马,焉知非福。虽然我心中的那只"天鹅"只是一不切实际的幻影,但能打破书本的纪录也是不小的成绩。全世界奥数冠军总数可能有千人之多,但在这千名奥数冠军中能打破书本纪录的恐怕是凤毛麟角。如果把打破书本纪录比作抓到了一只"麻雀",与终生吃虫子的蛤蟆比,能吃上"麻雀肉"也是难得的成就和享受。

第三只"天鹅" 报考黄鸣龙教授的研究生

我自小就有一个成为杰出科学家的梦想。考上武汉大学离实现我的理想更近了一步。从进大学的第一天,我就在思考考研的事,并把中科院有机化学研究所的黄鸣龙教授作为我的首选导师。黄鸣龙教授是当时中国唯一一位用他自己名字命名一个化学反应的中国人。他不仅是国内最权威的有机化学家之一,而且在世界上也颇有名望。

我心知肚明,如果我想考上黄鸣龙教授的研究生,即使我是那一届武汉大学化学系所有学生中学习成绩最棒的,也是远远

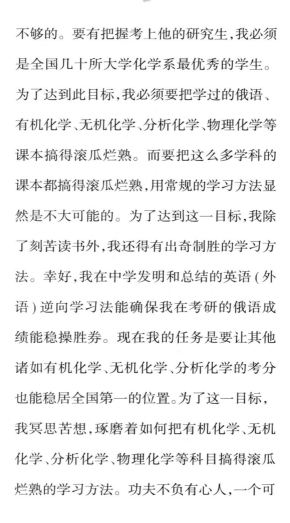

不够的。要有把握考上他的研究生,我必须是全国几十所大学化学系最优秀的学生。为了达到此目标,我必须要把学过的俄语、有机化学、无机化学、分析化学、物理化学等课本搞得滚瓜烂熟。而要把这么多学科的课本都搞得滚瓜烂熟,用常规的学习方法显然是不大可能的。为了达到这一目标,我除了刻苦读书外,我还得有出奇制胜的学习方法。幸好,我在中学发明和总结的英语(外语)逆向学习法能确保我在考研的俄语成绩能稳操胜券。现在我的任务是要让其他诸如有机化学、无机化学、分析化学的考分也能稳居全国第一的位置。为了这一目标,我冥思苦想,琢磨着如何把有机化学、无机化学、分析化学、物理化学等科目搞得滚瓜烂熟的学习方法。功夫不负有心人,一个可以把上述课本搞得滚瓜烂熟的学习方法应运而生。当时,我没有把这一方法取名。直到 10 余年前,在我为全国近 300 所大中学校做演讲时,我特地把它称作"高密度"学习法。高密度学习法的含义是将学过的课文用自己的语言进行浓缩,浓缩至体积小 5 倍左右,密度也相应增加 5 倍左右的精华课文。因为密度增加了,故得名高密度学习法。高密度学习法的优势是与传统的学习方法比,其效率高出了 5 倍左右。我坚信无疑,只要我用上了高密度学习法,我完全有把握在报考黄鸣龙教授研究生的考试中脱颖而出,拔得头筹。

奇妙的英语(外语)逆向学习法是一个能把年级第二名远远抛在后面的好方法。其实,高密度学习法也让我具备能把年级第二名远远抛在后面的能力,只不过,不像俄语那样,我缺少证明能把年级第二名远远抛在后面的机会。我之所以没有这样的机会是因为,在所有的无机化学、有机化学、分析化学的考试中,考试的试题不可能是最难的,因为一旦试题是最难的,势必会导致大面积的不及格和补考。这样,任课的老师就没法交代,甚至被问责和追究。我自信地认为:如果每次大大小小考试的试卷非常难,绝大多数同学目瞪口呆的时候,我不仅稳拿第一名,而且我还能把班级、年级第二名远远地抛在后面。在我的记忆里,在整个五年的学习过程中,唯一的一次显示我卓越才华的机会是一次"物质结构"的期中考试。在这次期中考试中,我考了第一名,86分,而年级90%以上的同学都不及格。

到了大四,正当我豪情满怀地为报考黄鸣龙教授研究生"备战"的时刻,祸从天降,我报考研究生的申请被拒。这突如其来的打击,如晴天霹雳,顿时把我打入到地狱之中。大学的五年,我一直刻苦读书、乐观、爱运动、积极向上,我从未哭过,但这一次我不仅哭了,而且哭得非常伤心。我不理解,我这个刻苦读书、上进、学习成绩优异、还是班干部的人居然连报考研究生的资格也被剥夺了。这时,只有闵永洁安慰我。她说:"我们还年轻,才 20 岁出头,来日方长,还有机会。"

虽然这事已过去近 60 年了,黄鸣龙教授也早已作古,但每当我回想起这事,心中还是充满了遗憾。

塞翁失马,焉知非福。虽然我失去报考

黄鸣龙教授研究生的机会,但我在准备考研的过程中,我却能总结出一整套能帮助我各科学习成绩学到极致的学习方法。后来,我把这些方法称作英语(外语)逆向学习法和高密度学习法(统称"两高学习法")。这两高学习法不仅是我近300场演讲的主要内容之一,而且我还把它写进我的《学霸是这样练成的》等书籍里。更让我感到意外的是,"英语逆向学习法和高密度学习法"还是我耄耋之年捕获第七只"天鹅"的重要理论依据。

第四只"天鹅" **立志要成为中国杰出的生物化学家**

立志要成为中国杰出的科学家是我自幼就有的理想。

　　1965年，我和闵永洁双双分配到上海。我进了中科院上海生物化学研究所，她去了上海试剂二厂。

　　1965 年 9 月 1 日，当我来到中科院上海生物化学研究所报到时，正值生化所成功完成了人工合成牛胰岛素之时。那段日子，整个生化所上上下下都沉浸在一片欢乐的气氛之中。人工合成牛胰岛素是人类有史以来第一次在实验室里用人工的方法合成了一有活性的生命物质——蛋白质，而这一世界级重大科学成果的桂冠却由中国人摘得。因为作者署名不符合诺贝尔奖评审委员会的要求等原因，生化所与诺贝尔奖失之交臂。

　　能来到这样一所国内顶级，世界知名的研究所工作本来是一件令人兴奋和引以为

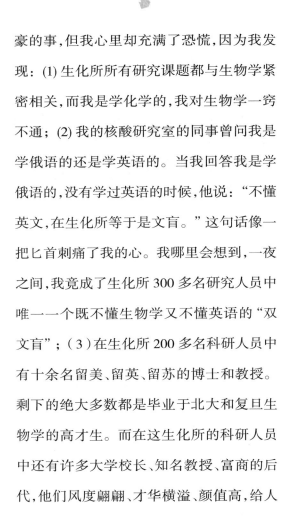

豪的事,但我心里却充满了恐慌,因为我发现:(1)生化所所有研究课题都与生物学紧密相关,而我是学化学的,我对生物学一窍不通;(2)我的核酸研究室的同事曾问我是学俄语的还是学英语的。当我回答我是学俄语的,没有学过英语的时候,他说:"不懂英文,在生化所等于是文盲。"这句话像一把匕首刺痛了我的心。我哪里会想到,一夜之间,我竟成了生化所300多名研究人员中唯一一个既不懂生物学又不懂英语的"双文盲";(3)在生化所200多名科研人员中有十余名留美、留英、留苏的博士和教授。剩下的绝大多数都是毕业于北大和复旦生物学的高才生。而在这生化所的科研人员中还有许多大学校长、知名教授、富商的后代,他们风度翩翩、才华横溢、颜值高,给人高大上的美好感觉。

生化所的确与其他研究所不一样,这里高手如云,牛人成群。当时的我,与生化所那200多名精英比,他们像是雄伟的高山,而我像是一座土丘。

虽然我忧心忡忡,但我一心想成为中国杰出生物化学家的理想仍旧是那样的坚定。痛定思痛后,我认识到,摆在我面前的迫切任务是要尽快地把生物学和英语补起来。只有这样,我一心想成为杰出中国生物化学家的梦想才可能实现。

为了让我的自学生物学和英文不至于太枯燥无味,我决定通过写一本《核酸的化学》的书,把自学生物、自学英文和出书三个目标捏合在一起,实现一箭三雕。四年后,那厚达300多页的《核酸的化学》终于

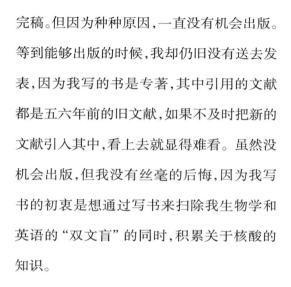

完稿。但因为种种原因，一直没有机会出版。等到能够出版的时候，我却仍旧没有送去发表，因为我写的书是专著，其中引用的文献都是五六年前的旧文献，如果不及时把新的文献引入其中，看上去就显得难看。虽然没机会出版，但我没有丝毫的后悔，因为我写书的初衷是想通过写书来扫除我生物学和英语的"双文盲"的同时，积累关于核酸的知识。

写书的日子是异常艰辛的。那时我和闵永洁的工资加在一起只有110多元，我每个月还要寄25元给我父亲和弟妹们。我的家庭担子也是非常重，因为那时我们已有两个女儿了。闵永洁在上海远郊上班，从家到单位乘车来回要花4个小时左右，家庭的重担自然地都落到我的肩上。每天六点钟，我和闵永洁就得起床。我先得到菜场去排队买菜和早点。那时候,随便买什么菜,包括萝卜、青菜都要排队。回来后我再为两个女儿穿衣、洗脸、刷牙、喂好早点,再把她俩一一送到托儿所和幼儿园。下班后我先得把两个女儿从托儿所、幼儿园接回家,回家后先洗菜、烧饭。七点钟左右是闵永洁快到家的时间,这时我总会去附近的车站接她,天天如此,年年如此,我把它作为向她示爱的仪式。吃完晚饭后,闵永洁忙于为两个女儿做衣服。我还要给两个女儿洗脸、洗脚和洗衣服。我边搓洗衣服,边听录音学习英语。这时可能已经9点钟了。当她们三人入睡后,我还常常看书至晚上11点多。

由于长期的熬夜学习和过重的家庭负担,我于1972年,患上了严重的十二指肠溃疡和胃出血。当时,小女儿王瑾刚刚出生不久。为了治好溃疡,1972年4月,我带着大女儿王珞珈回到黄石修养,在黄石医院住了半个多月。5月底,我回到生化所。5月底的上海风和日丽,当人们穿衬衣的时候,我还穿着厚厚的棉袄,面色蜡黄。那些年里,尽管家境贫寒,家务和工作繁重,但我们一家四口和睦相爱,苦中有乐,我对未来仍旧充满了憧憬和希望。

我写作的经历是对我意志力最严酷的考验。大多数人可以坐在图书馆里看4天的书,不成问题;但能坚持看4个月的书,恐怕为数很少;能坚持4年的,也许只有百分之一的人才有那种毅力和耐心。而我能坚持十年,得益于我对实现理想的渴望和坚守,贪吃"天鹅肉"的欲望。

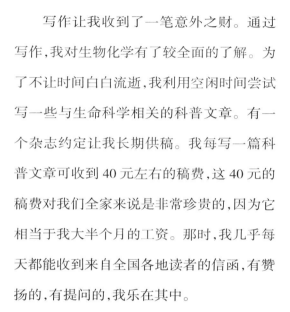

写作让我收到了一笔意外之财。通过写作,我对生物化学有了较全面的了解。为了不让时间白白流逝,我利用空闲时间尝试写一些与生命科学相关的科普文章。有一个杂志约定让我长期供稿。我每写一篇科普文章可收到 40 元左右的稿费,这 40 元的稿费对我们全家来说是非常珍贵的,因为它相当于我大半个月的工资。那时,我几乎每天都能收到来自全国各地读者的信函,有赞扬的,有提问的,我乐在其中。

在众多的读者中,上海医药工业研究院的院长是高大上的一员。他在看过我写的关于《生命的奥秘》等文章后特地邀请我去做演讲。我记得,那是一个可容纳千人的豪华报告厅。那一天,我受到隆重的欢迎。我演讲时,气氛热烈,高朋满座,听众都是来自上海医学界和制药行业的精英、工程师和厂长。

　　因为长期的自学和知识的积累,我的好运接踵而来。我获得的第一个回报是我曾被委以重任,被指定为人工合成酵母丙氨酸核糖核酸三个大组之一的新方法组的组长。人工合成酵母丙氨酸核糖核酸是由中科院组织,由生化所领头,中科院上海有机化学研究所,中科院上海细胞研究所和中科院北京生物物理研究所共同参与的重大科研会战项目——人工合成酵母丙氨酸核糖核酸开始启动,这是一个有着 150 名科研人员参加的重大科研项目。此课题组分成三个大组,合成一组、合成二组和新方法组。我荣幸地被指派为新方法组的组长。新方法组有 10 余名科研人员,其中不乏资深的科学家,后来这些人都成了教授,有的还成了知名教授。此课题完成后,它曾和人工合成牛胰岛素被誉为中国自然科学中的"两弹一星"。虽然我的贡献微不足道,但当时的我年纪最轻,资历最浅,能委以此重任也是极其幸运和光荣的。

第二个回报是获得多伦多大学教授点名邀请去那里合作研究。那是 1979 年初的某一天,生化所迎来了来自多伦多大学生物化学系著名的王子晖教授来所讲学。因为这是生化所开天辟地第一次邀请国外知名教授来生化所做学术报告,生化所领导不仅特别重视,而且还要求各研究室派要员听报告,并在报告会后参加讨论。阴差阳错,我没有去听那场报告。报告会后有 15 分钟的休息时间,然后再开始讨论会。这时,同事刘望夷急匆匆地跑来找我,让我去参加讨论会。我无奈地对他说:"你看,我在修油泵,满手都是油,我实在没办法去。"听说我不去,他有点急了,他说:"你今天无论如何一定要帮我的忙去参加讨论会。"看他那诚恳而又急切的样子,我只好答应。讨论会十分热烈,我还提了一个问题。但我到底问了什么,我早已忘得一干二净。但就在我刚刚提问完时,王子晖教授突然问我叫什么名字。我说:"我叫王启松"。他说:"请你会后留下来,我想和你交流。"会后,我留了下来,我们俩谈了好久,他还问了好多问题。突然,他郑重地对我说:"我想邀请你到我在多伦多大学的实验室工作,合作做 tRNA 结构与功能的研究。"他还说:"我付给你的年薪是 2 万加元,你来加拿大往返的机票由我承担。你先来，过一段时间，我再邀请你的夫人来。"我欣喜万分，欣然接受了他的邀请。此消息像一颗炸弹一样，很快在生化所和邻近中科院的几个研究所，包括闵永洁所在的生理所传开了，并引起轰动。后来，中科院院部为我办签证的邱先生对我说："恭喜你中了两个头彩，你不仅是整个中科院第一个被国外教授点名邀请，拿国外薪水的人，而且你还是整个中科院第一个万元户。"喜从天降，这事来得那么突然，让我自己也觉得不可思议。我哪里会想到，我是半途被拉去参加学术讨论的，我的一个不经意提问竟然让我中了两个头彩。

1980 年，当我和闵永洁来到多伦多的时候，我俩兴奋极了。我们好像是来到一个美轮美奂的童话世界，映入我们眼帘的所有东西都是那样的新奇、艳丽、美好。蓝天白云；干净、宽敞的街道；堆满琳琅满目商品的大型超市；高大的楼房；舒适、宽敞、别墅式的民房；穿着时髦和彬彬有礼的市民。在欣赏这些美景的时候，有时我也情不自禁地把加拿大与中国进行对比。与发达的西方世界比，当时的中国可谓一贫如洗，有些落后了。这时，我常常自问：要是中国哪一天能达到这样的水平，那该多好呀！我做梦也不承想到，在改革开放后，中国只花了30多年的时间在许多方面不仅已赶上，甚至超过了加拿大。中国已是世界第二大经济体。再过六七年，中国将成为世界上最强大的国家。有朝一日，中国一定能再现辉煌，再度成为世界的中心。

1983年3月，我们俩双双回国。因为

我心里还一直惦记着那只"天鹅",一心想要成为中国杰出生物化学家的梦想!

回到生化所时正值评定职称解冻之时。那段日子,生化所上上下下一片忙碌,到处都是报告会。按学术水平,我评上副研是有足够把握的,因为我发表的论文无论从质量还是从数量上看,都要比我高几届的同事要多得多。我是多么想参加报告会,借机展示我的才华。但我没有申请,因为我的第六感告诉我是不可能获得提升的。虽然没有报名,但我内心是痛苦的。我意识到,如果我继续留在生化所,是没有出头之日的。为了实现成为中国杰出生物化学家的理想,我决定改换我的"栖息地",到有"天鹅"出没的地方去闯荡。

1986年初,我怀着寻找"天鹅"的动机

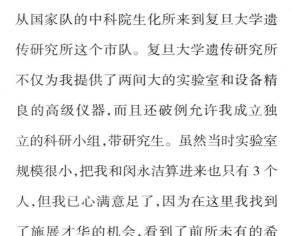

从国家队的中科院生化所来到复旦大学遗传研究所这个市队。复旦大学遗传研究所不仅为我提供了两间大的实验室和设备精良的高级仪器，而且还破例允许我成立独立的科研小组，带研究生。虽然当时实验室规模很小，把我和闵永洁算进来也只有 3 个人，但我已心满意足了，因为在这里我找到了施展才华的机会，看到了前所未有的希望。同时，我也做了最坏的打算。如果我一事无成，我不怨天尤人，我只怨自己无能。

我向其他课题组借了 2 万元，开始了基因合成的计划。很快，我们就合成了 10 余条有价值的基因。在那个基因得天下的年代里，这十几条基因不仅显得弥足珍贵，而且还让我们名声大噪。因为我掌握了基因合成和点突变的技术，除了我们自己合成所

需基因外,想和我合作的
实验室越来越多。我们的
科研成果出现爆炸式的增
长。那些年,我每年发表
的论文多达 30 余篇。

● 谈家桢教授

正当我为科研经费着
急和发愁的时候,喜从天
降,863 生物高技术计划启
动了。863 高技术发展纲
要是中央政治局批准,由
中华人民共和国国务院委
托中华人民共和国国家科
学技术委员会(以下简称
国家科委)亲自主持的重
大科研计划,它涉及七大
高技术领域,生物高技术

是其中之一。更令我感到惊喜的是,谈家桢教授还力荐我为863专家组成员。在复旦大学遗传研究所和生物系,他有数以百计的弟子都没推荐,却推荐我这个刚刚来到复旦大学遗传研究所不久的外来户。我钦佩和感激他的大度和无私。因为谈家桢教授是赫赫有名的中国遗传学之父,很快国家科委接受了谈家桢教授的推荐,我正式成为863生物高技术蛋白质工程专家组的成员。863专家组专家,既有较大的权力,也享受着极高的荣誉。863专家组仅有十余人,入选863专家组成员可谓是万里挑一,因为在中国,从事生物、医学、农业、制药的中科院、医科院、农科院和大学研究所和实验室有近万家。我庆幸自己在关键时刻遇上了贵人。

专家组有三大任务:一是制定中国生物高

技术发展纲要；二是组织和发放 863 生物高技术基金；三是检查和监督获得 863 生物高技术基金和课题的执行情况。

在 863 专家组工作的日子里，我十分荣幸，能和中国的"杂交水稻之父"袁隆平教授共事。当时他负责农业组，我负责蛋白质工程。

863 生物高技术分成三个大组：农业生物工程、医学生物工程和蛋白质工程组，总共有 200 个左右重大课题，涉及的实验室有四五百家之多。为了得到尽可能多的 863 项目而又不显眼，我向三个组各提两项申请，共六项，结果全部命中。除我们的实验室以外，国内是否还有其他的实验室能拿下两项 863 项目，我不得而知，即使有，也可能是极个别的。我们的实验室，账本上原本一分钱都没有，现在突然有了几百万人民币。一夜之间，我从一无所有变成了全国生物科研领域中的"首富"，我的实验室也从中国生物工程科研大厦的最底层蹿到了最高层。

就这样，我立志成为中国杰出的生物化学家的梦想意外以 863 专家的名义得到确认，因为只有杰出的生物化学家才有资格成为 863 专家组成员。如果我不是 863 专家组的成员，即使我有再多的科研成果，我也没那个胆自吹自擂说自己是中国杰出的生物化学家之一。

我们合成的一些基因曾产生过巨大的经济价值，如伽马干扰素基因曾帮助我获得国家科技进步二等奖，并早已产业化。人肿瘤坏死因子的基因工程也曾获得国家科技进步二等奖，有些基因已成功转化成转基因作物,在国民经济中继续发挥作用。

我们的先进技术还拯救了一些实验室负责人的科研生命。因为在 863 基金发放之前,中科院、医科院和农科院也发放了一些重大课题基金。这些课题组或许因为克隆技术没有掌握好,或许因为他们运气不好。五年下来,他们连基因也没有找到,这等于他们交了白卷。因此,他们承受了来自多方的巨大压力。因为交了白卷,他们的课题可能被终止,科研生命随时可能被终结,职称的提升也因此受阻。当他们找到我与我合作,我们实验室只花了一个月的时间就为他们提供了他们所需的基因。这样,他们不仅可以交差了,而且他们的科研生命还可以延续下去,职称晋升问题也随之解决。要求和我们合作的实验室也越来越多,我们的实验室名气越来越大。为了把我们先进的技术传授给全国，我曾应全国 40 多所大学和中科院、农科院下属的研究所邀请，做关于 DNA 合成和基因合成的报告。有多所研究所和公司还特地聘请我当他们的顾问。那时，我似乎成了中国生物领域中最受欢迎的人。有人开玩笑对我说："你受欢迎的程度仅次于 Michael Jackson 。"

有趣的是，我们的先进的基因合成和点突变技术还通过我的学生传到美国名牌大学实验室。我在复旦的学生张婕告诉我，当她到美国排名前十位的名牌大学杜克大学读博时，由于她掌握了基因合成和点突变的技术，而其他许多实验室当时还未掌握，因此她成了她所在大学最受欢迎的人。她利用她的技术和别的实验室合作，并亲临指

导,两年就发表了 20 余篇论文。

在人们的印象中,中国的生命科学的科研水平,特别是二十几年以前,根本就无法和美国相提并论,更没法和杜克这类美国名牌大学攀比。但是我的实验室却是中国的例外。

那期间,每年都会在北京组织召开 863 年会。来自全国的与 863 课题有关的 400 多家实验室在年会上报告他们的论文,并把论文整理成论文集。一次年会期间,北京医科大学的汤健教授遇上了我,并对我说:"王启松,你好厉害,我统计了一下,你的论文数目超过论文集总数的八分之一。"晚上,我回到宾馆,我翻开那厚厚的 863 论文集,仔细把我的论文数了一下,我的论文数真的超过论文集总数的八分之一。

在整个复旦大学的教授中，我是最忙的人之一。我每个晚上都去实验室里，工作到很晚才回家。在暑寒假，我也很少休息。学生们也非常辛苦和勤奋，每天工作至深夜。那几年，整个复旦大学校园的夜晚很多地方都是一片寂静，唯独我的实验室仍旧灯火通明。我的实验室还是最活跃的实验室之一，在闵永洁的组织下，我们经常聚会、聚餐、旅游。闵永洁特别关爱学生。为了给学生加餐，增加营养，她经常在家烧好红烧肉、排骨或粉蒸肉等，然后用脸盆装好，带到实验室，给他们享用。那时，我们实验室近30人。为30人做红烧肉、粉蒸肉是极其繁重的任务，但她乐在其中。我们分得的奖金由她保管和分配。其他实验室的教授基本上是不会把奖金分给学生的，但我们一视同仁。那

● 外出旅游,不亦乐乎

时,我们的实验室像是一个和睦的大家庭,充满了欢乐和关爱。我非常感激闵永洁,在家里,她是贤内助;在实验室里,她也是贤内助。世上哪里去找这么好的女人!

复旦大学规定,科研经费的 10% 可以兑现,作为奖金发给老师,变为私有。按这个比例,我们俩每年能把 10 万元左右的奖金变成私人财产。在今天，10万元算不上是一个大数字，但在30年前，当我们的工资只有100多元的时候，10万元可以买3套房子。我们只取其中非常小的部分，作为奖金发给大家，把大部分钱留在账号里，用于科研。

在复旦期间，我们还开展了DNA合成服务。每年有近百万元的收入。复旦大学规定，只要把总收入的很小一部分（大概7%）上交给复旦大学，余下的钱可作私有财产。虽然学校是这样规定的，但我从骨子里就认为那是不义之财，我没有丝毫动心过。如果我把那不该属于我的钱据为己有，我可能早就是仅次于"杨百万"的"王百万"了。

作为863专家组成员还得经常到北京

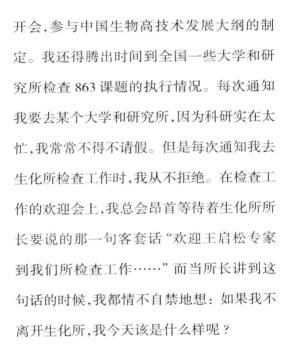

开会,参与中国生物高技术发展大纲的制定。我还得腾出时间到全国一些大学和研究所检查 863 课题的执行情况。每次通知我要去某个大学和研究所,因为科研实在太忙,我常常不得不请假。但是每次通知我去生化所检查工作时,我从不拒绝。在检查工作的欢迎会上,我总会昂首等待着生化所所长要说的那一句客套话"欢迎王启松专家到我们所检查工作……"而当所长讲到这句话的时候,我都情不自禁地想:如果我不离开生化所,我今天该是什么样呢?

虽然我离开了生化所,我仍旧感激生化所对我的培养。在那里,我从我的导师和同事那里学到了科研的本领;我利用生化所的实验室发表了许多高质量的论文。

在生化所以及全国大多数的单位里,

一定会有许多像我这样资历和辈分处于劣势,怀才不遇的人。遗憾的是,大多数人都委屈地接受了命运的安排,只有我选择了叛逆。为了把命运掌握在自己手中,在关键时刻,我们不应犹豫,该出手时就出手,该出走时就出走。

忆往昔峥嵘岁月稠。令我感到欣慰和骄傲的是,从1986到1989年的不到4年的时间里,从我的实验室里涌现了一大批优秀学生。他们才华横溢,后来都成为了他们各自单位的栋梁之才。例如,张婕、扬迪、沈文彦(我在生化所的学生)三人均系世界十大制药公司的研发部门的主管。谢毅(博导)、唐宏(博导)、周燕、彭小忠和郭曙光分别是复旦大学、中科院上海巴斯德研究所、华东理工大学、中国医学科学院基础医学研究所和河南大学的教授。徐飞是美国食物及药品管理局的高级研究员,孙筱清曾是一上市公司的总经理,在这些学生中,还出现了五位亿万富翁。他们是谢毅夫妇俩;张晓东——武汉上市公司的董事长;傅和亮——广州某制药公司的董事长。我十分感激他们,是他们帮助我成就了科学研究上的一个又一个亮丽的业绩,是他们陪我们度过了我人生中最光辉的一段时光。

● 王启松与30年前的学生再相聚,不亦乐乎。因为疫情,只有一半的学生前来参加聚会。

第五只"天鹅" 联合国工业发展组织的顾问

这是一只与我一心想成为中国杰出生物化学家这只"大天鹅"一起伴飞的另一只"天鹅",能捕获到这只天鹅是我的意外收获。

长期以来,我一直有读报的习惯。偶尔,我会看到诸如某某联合国顾问乘专机到某国家视察的报道。那时,在我眼里,联合国顾问可不是一般人,是达官贵人,是比省长和部长都要大的官。没想到,成为联合国顾问的天赐良机突然从天而降,与我不期而遇。

那是 1987 年初的一天。我的复旦大学实验室迎来了一批尊贵的客人,他们是联合国工业发展组织的官员和顾问以及两个国际遗传工程和生物技术中心的主任。那时,联合国为了顺应生物工程的飞速发展,决定成立两个世界研究中心。一个设在意大利,另一个设在印度的新德里。他们此行的目的是希望通过参观和访问中国近百家重点实验室的机会顺便能挑选一些杰出的中国科学家去两个中心主持实验室。当我把我们的科研成果,特别是拥有50条有价值的基因的成果向他们介绍后,他们脸上流露出钦佩的表情,并留了下来,和我攀谈。他们告诉我说:"你的工作很出色,你应申请到国际遗传工程和生物技术研究中心去工作。你可以在那里拥有一个设备精良、科研经费充沛的大实验室。我们有两个中心,一个在意大利,一个在印度,你可以挑选

● 王启松和印度科学家的合影

其中的一个,我们欢迎和期盼你的到来。"

他还告诉我:"你的申请如果被批准,你的

工资待遇是参照联合国专家的标准发放

的,你很可能被聘为联合国工业发展组织的

顾问。"

　　拥有一个大的实验室,仪器设备精良,

科研经费充足,还可能当上联合国的顾问,

这样的机会难得。我决定申请。为了挑选

不贪吃天鹅肉的蛤蟆不是好蛤蟆

● 国际遗传工程 &生物技术研究中心

哪一个中心更适合我,我很快被邀请去参观这两个中心。当我来到意大利的中心,我发现在意大利很少有人讲英语,宾馆里的电视也只有一两个英文频道。

　　大多数意大利人都不会讲英语,从我的一次问话中也得到了证实。一次,我想打一个国际长途电话给在上海的闵永洁,但不知道国际长途电话开始的两位数字是什么,于是我特地来到一个地铁的出口处,专门问那些看似知识分子的人，用英文问他们"Could you tell me what are the first numbers when I want to make an international call?"结果，我问了10多个人，他们都没有听懂我的问话。直到问到第15个人才告诉我开始的两个数字是"00"。

这两次经历让我决定把新德里作为首选。当我参观印度新德里的中心时，我发现他们每一个人的英语都比我好多了，英语还是印度的官方语言，因此最终我选择了印度新德里的中心。我希望我在进行研究工作的同时，英语也有所提高。我告诉印度从美国聘请而来的中心主任Tewari教授说："我在中国有六个重大课题，我不可能放弃那里的工作，我能否在这里兼职，一半的时间在中心工作，一半的时间在中国工作。"

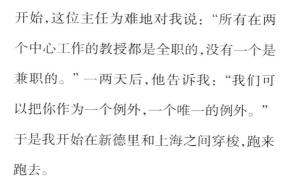

开始,这位主任为难地对我说:"所有在两个中心工作的教授都是全职的,没有一个是兼职的。"一两天后,他告诉我:"我们可以把你作为一个例外,一个唯一的例外。"于是我开始在新德里和上海之间穿梭,跑来跑去。

联合国顾问享受许多独特的待遇,联合国每年追加我工资的 14% 作为养老金;负担我两个女儿的全部教育费用,包括伙食费、住宿费、书籍等所有费用;每两年一次的全家团聚的费用;外交礼遇和外交豁免权等等。于是,我在上海和新德里之间往返穿梭,既维持复旦大学实验室的运转,还在新德里的实验室里忙碌着。除了我在复旦大学实验室的丰硕成果外,我在新德里遗传工程和生物技术研究中心也获得不错的

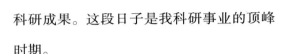

科研成果。这段日子是我科研事业的顶峰时期。

不久，复旦大学遗传研究所规定我和闵永洁不能同时去印度。这决定让我立刻想起了电影《马路天使》中的一句唱词"忽然一阵无情棒，打得鸳鸯各一方"。在爱情和事业上，我把爱情看得比事业重，我做出了放弃复旦大学遗传研究所工作的决定。虽然这决定对复旦大学和我的学生有所不公，对不起他们，但这也是我对待爱情的态度，虽有愧疚，但也无可厚非。

在我的长达30年的科研生涯中，自从离开生化所后，虽然我在科研上可谓是硕果累累，但我也有一件憾事，没机会申请评选院士。特别是当我看到一批又一批的教授当上了院士，而这些人曾是我作为863专家组成员时的课题申请人的时候,我怎么也按捺不住想成为院士的冲动。可惜,我在国内从事科研时,评选院士是冻结的。当评选院士解冻后,我却下海了。而那时,评选院士是不对私人企业主开放的。当前几年对私人企业开放后,我已77岁了,远远超过了65岁的年龄限制。这是我一生中唯一感到遗憾的事。

第六只"天鹅" 立志要成为中国和世界 DNA合成领域中的翘楚

1994年底,我从《人民日报》看到一篇报道,欢迎留学人员回国创业,既能享受"两免三减",而且投资额还不受限制。多年以来,我一直想在中国DNA合成、基因合成市场中一显身手的想法被这篇报道彻底激活。于是，我当即做出了决定，并在上海漕河泾新兴技术开发区出资 8 万美元成立了"生工生物工程有限公司"，并在那里租借一间 45 平方米左右的实验室做 DNA 合成。次年的 5 月，我们的第一条合成的 DNA 下线。

我选择 DNA 合成作为我的第一个产品是因为：（1）DNA 合成市场非常庞大，它是从事生物、医学、农业科研的基本食粮。几乎每一个实验室的每一天，甚至每一个人都要用到 DNA。（2）在这方面我有着他人难有的经验和优势。合成 DNA 的原料分成固体和液体两大类。当时，固体的原料必须从美国购买。而液体的原料可以自己生产。如果自己生产液体原料，我的成本就要比竞争对手小 60%；这是我的巨大成本优势。（3）创建一个中国首屈一指,能与美国 DNA 合成巨头并肩媲美的专业公司。这是我人生的第六只"天鹅"。

当时垄断中国 DNA 合成市场的是坐落在全国各大中城市里的隶属于中科院某些研究所和大学的 20 多家生物实验室,属于国营单位。

听说我要搞 DNA 合成,我的许多朋友怕我上当,特地打电话,甚至专程上门劝说我放弃这念头。

我心如磐石,只要我迈开双腿,把全国所有的,至少 99% 的用户走访一遍,把我的 DNA 合成的诸多优势面对面地告诉每一个实验室的科研人员,我能走在同行的前面。

为了尽快实现自己的又一个理想,我

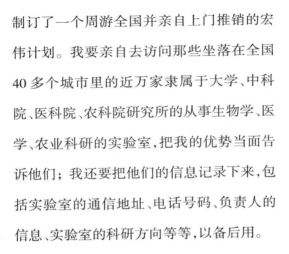

制订了一个周游全国并亲自上门推销的宏伟计划。我要亲自去访问那些坐落在全国40多个城市里的近万家隶属于大学、中科院、医科院、农科院研究所的从事生物学、医学、农业科研的实验室，把我的优势当面告诉他们；我还要把他们的信息记录下来，包括实验室的通信地址、电话号码、负责人的信息、实验室的科研方向等等，以备后用。

计划的宏伟意味着推销任务的艰难。每天6点我就出发了，8点前，我就在实验室门前等候了。到了下午5点钟，当大部分实验室关门后，我仍不肯离去。我会在各个大楼和各个楼层之间穿梭，寻找那些仍有灯光的实验室。只要实验室仍有灯光，我就一定会去登门拜访。因为每天的大部分时间，我的双脚都在马不停蹄地奔跑着，我穿的皮鞋不到 2 个月就磨破了。虽然这双皮鞋质量不是很好,但商店还是给了我一个纸质的质量保证书,上面写:"不到 90 天皮鞋穿破了,可以以旧换新。"为此,我还特地问店员:"如果那换来的新鞋不到 90 天又穿破了,还能换吗?"店员爽快地告诉我说:"你可以一直换下去,因为这是厂方的承诺,我们店是不付一分钱的。"我已记不清,我总共换了多少双皮鞋,我也记不清我总共访问了多少家实验室。我粗略统计,我访问的实验室至少有一万多家。

我把这宏伟的面对面访问用户的计划称作"收购萝卜"计划。这每年数以万计的"萝卜"(DNA 合成订单)原本是要通过传真发到这二十多家 DNA 合成实验室的,现在我要把这些 DNA 合成订单的"萝卜"

进行拦截,让"萝卜"不装入到这二十几家实验室的小"箩筐"里,而是要装进我公司的"大箩筐"里。为了动员这近万家实验室的负责人心甘情愿地同意把"萝卜"装进我的"箩筐"里,我对每一家实验室的负责人说:"我们的DNA合成有四大优势:(1)当前市场上的价格是60元/碱基,而我们给您的价格只有30元/碱基。用我的合成DNA,每年您可以节省数目可观的经费;(2)为了让您用上放心的DNA合成,我们为您提供的每一条DNA引物都附有一份质量分析报告,而其他实验室是不提供这报告的;(3)为了确保你们尽快收到DNA合成产物,我们每天24小时,一周7天,一年365天,除年初一到初三休息外,DNA合成都不停地运转;(4)我们设有800免费电话,随时为你们,包括晚上为你们提供技术咨询。终于"上帝"一个个被打动！我的艰辛而又漫长的面对面访问用户的计划——"拔萝卜"行动收到了立竿见影的效果。我每到一个实验室,他们中的许多人可能在当天或第二天就把DNA合成的订单传真给我们。我们的DNA合成订单像雪花一样飘来,应接不暇。我们的DNA合成仪已从最初的1台增至3台,又增至6台, 13台到最后的100台左右。当时的一台DNA合成仪价值30多万,100台DNA合成仪的价值高达3 000多万之巨。不到两年的时间,那些原本属于他们的数以万计的"萝卜"已全部装进了我的"箩筐"里。而当这20余家从事DNA合成的实验室发现"萝卜"越来越少,甚至没有"萝卜"的时候,他们已回天无术。

在我们的 DNA 合成在中国取得优势地位后,我们把 DNA 合成的触角伸向韩国、日本、泰国、印度和新加坡等国家。

结局是美好的,但过程却是辛酸和痛苦的。我单枪匹马,要把坐落全国 40 个大中城市,上万家实验室都走访一遍,那是何等艰难的任务。我得过两关:一是面子观;第二是疲劳关。面子观是对心灵的拷问,似乎最难,因为:(1)我曾应全国 40 多所大学和中科院众多研究所的邀请做过基因合成的专题报告,他们中的许多教授、老师和研究生都听过我的报告,都认识我。今天,当我以一名卑微的销售员身份出现在这些熟人面前时对双方都是尴尬的。在相互尴尬的时刻,我再去介绍我的产品是如何价廉物美,我的舌头会感到发麻,让我的推销难以进行下去。（2）在他们的眼里,当年的我是令人尊敬的教授,如今,我突然变成了一个卑微的推销员老头。这也是一个令彼此都感到尴尬的场面。我的担心得到了印证。在访问那些认识的教授时,他们中的好心人常常会把我拉进他们的办公室里,并细声细语地对我说:"你怎么干起这行当?你曾是中国赫赫有名的人物,你还到我们学校做过报告,我们都认识你,尊敬你。你也一把年纪了,你为什么不派一个下属跑?这多丢面子呀!"我无言以对,我只能尴尬地说:"谢谢您的好意。既然我干了这行当,我最关心的是否成功,而不是面子,成功比面子更重要。"

过了面子关,我还得过体力关。那时我

已近六旬了。如果出差在外,马不停蹄地跑上七八天,大多数人都不会有问题。但我得访问近万家实验室,足迹遍布全国 40 多个城市的每一个角落。为了把近 99% 的实验室至少都访问一次,我足足跑了 500 多天,这是大多数年轻人都望而生畏和难以承受之重。

一个实力雄厚以旅游兼餐饮业为主业的公司决定搞 DNA 合成。开业前,他们做了精心的准备,不仅投入了大量资金,购买 DNA 合成仪等仪器设备,还大造舆论。除了在中央电视台、上海电视台上、各大报纸大张旗鼓地造势外,他们还不惜工本,特地从美国请来了一位 DNA 合成专家,到北京、上海等各大城市的研究所和大学做 DNA 合成报告,宣示他们的存在和 DNA 合成的优势。后来我才知道,他们介入 DNA 合成是因为该公司的老板受了他一亲戚的鼓动,而此人曾是我们公司的一位销售员。他的突然离职就是为组建新的 DNA 合成公司。一时间,乌云压城城欲摧,对于这样一个强大的竞争对手,我的确有几分紧张和不安。惊愕之余,我突然有了一个奇想,我是不是有可能和他们的老总面谈一次,劝他们休兵? 我把这想法和公司的两位高管说了,他们笑我是异想天开,并说:"已花了那么多钱购买仪器设备,又请了美国专家到全国讲课,已经在电视和各大报纸上大造舆论了。如果他们突然停下来,面子往哪儿放?"我说:"我不一定成功,但我一定要试一试。"于是我打电话请求他们的老总给我 15 分钟左右时间面谈一下。一两天后，对方的老总答应和我见面。为了珍惜这难得的 15 分钟，在面谈时，我单刀直入，我们给韩国等地区的、中国地区代理价格是 4.3 元 / 碱基。您应该相信，我给他们的这个价不是义务劳动，是有利润的。而你们的价格是 18 元 / 碱基……会谈很快结束了，让我感到惊喜的是，几天后，他们宣布休兵了。

在一次访问中国军事医学科学院的一位教授时，他语重心长地对我说："我们一

直在背后议论你,议论你把 DNA 合成的价格大大降了下来,让我们节省了大笔的科研经费;我们议论你对中国生物学发展做出的巨大贡献;我们还讨论过要写一份材料送到国家科委,希望国家科委为你颁一个大奖。问题是谁来写这份报告? 写报告是需要时间和精力的。"看来,我是永远得不到这个大奖了,但这位教授的一席话却给了我那颗坎坷和疲惫的心以极大的安慰。

萧瑟秋风今又是,换了人间。今天,我们公司的产品已渗透到中国从事生命科学研究的每一个实验室,我们不仅是中国 DNA 合成、DNA 测序和基因合成市场上的主要玩家,而且在世界上也名列前茅。今天我的公司已拥有 2000 名员工,年销售额达 20 亿。我们不仅是中国生命科学相关产品

最大的供应商,把产品销往国外,世界上最
著名的疫苗公司和世界上最大的转基因公
司都是我们的客户,而且我们还有能力把世
界许许多多国际知名生物公司的产品拒之
中国国门之外,这是我一辈子的荣耀。

第七只"天鹅"　把英语逆向学习法和高密度学习法推向全国

2005年那年,我的两个女儿30岁出
头,正值年富力强、风华正茂之时。为了让
她们有施展才华和抱负的机会,我和闵永洁
决定全身而退,把公司交给她俩打理。用意
是善良的,但结局却是凄凉的,因为自那以
后,我突然变成了一个异常清闲的人。大多
数人从读书到工作,一辈子都渴望清闲,他

们为能在一个清闲的单位工作而沾沾自喜。而我却是一个与清闲格格不入的人。为了摆脱这无穷无尽的清闲,我开始找事做。后来,发现去大学演讲倒是一个好主意,它不仅让我的夕阳生活变得充实,而且还能结识众多的粉丝。

在我的近 300 场演讲过程中,我有机会近距离观察和了解大中小学学生的学习状况。我惊讶地发现,当今他们学习的方法是那样落后和低效,而我在学生时代发明和总结的英语(外语)逆向学习法和高密度学习法却是那样独特和高效,二者形成巨大的反差。我想,如果中国数以亿计的大中小学学生用上了我的方法,那该是多么了不起的贡献! 这是一项有益于每一个中国公民的计划。因此,把英语逆向学习法和高密度学习法推向全国就成了我耄耋之年的追求和梦想，是我人生第七只"天鹅"。因为这是一个涉及千秋万代的事，这第七只"天鹅"将是我有生之年最大的一只。

我相信，你们一定想听听什么是英语逆向学习法和高密度学习法。它们真的那么神奇和高效吗？我先从英语逆向学习法谈起。

一、英语（外语）逆向学习法

1. 英语（外语）逆向学习法概述

传统的学习英语方法是读英语，是通过读英语来学习英语的，这是一个从英语到英语的顺向流程。而我发明的学习英语（外语）的方法恰恰相反，是通过看中文译文来学习英语（外语）的，这是一个逆向的流程,故得名逆向学习法。

　　要详细了解逆向学习法,先得了解传统的学习英语的三种方法:(1)读英语。读英语的方法简单易行,拿起课本就能读。在过去的一百多年里,数以亿计的学过英语(外语)的先辈们和当今数以亿计的正在学英语的大中小学学生采用的都是读英语的方法。因为简单易行,习以为常,人人如此,读英语方法理所当然地成为中国人学英语的主流方法,似乎从来没有人对它的低效性产生过怀疑,更不会有人站出来向它发起挑战;(2)死记硬背。死记硬背的方法以背为基础,因此是高效的。但死记硬背只适合小学英语课本,因为小学的英语课文都比较短。当死记硬背的方法被用于中学和大学英语课文的学习时,因为课文都比较长,死记硬背就难以为继了；（3）在生活中学习英语。世界上有 70 多个国家以英语为官方语言。这些国度的孩子自出生后就沉浸于一个英语的海洋中，他们看到的、听到的、嘴上说的都是英语。这是学习英语最佳途径，但此方法与中国学生无缘。

若向 1 000 名英语老师，包括大学的英语教授们发出问卷，问世界上是否还有第四种学习英语的方法，他们将会不约而同地告诉你说："没有了。世界上只有这三种正规的学习英语的方法。"

虽然我的逆向学习法只是一棵"独苗"，百余年以来，似乎只有我一个人使用过，但考虑到它无与伦比的高效性，我还是自作主张和大胆地把它列为学习英语的第四种方法。

与上述三种学习英语的方法截然不同的是,英语逆向学习法要求先把英语课文翻译成中文,然后再看中文译文背英文。而这中文译文是关键,因为这中文译文能起到"桥梁",或"切换器",或"提词器"的作用。它能帮你从低效读英语的此岸通过中文译文的"桥梁"到达高效背英语的彼岸;它能像"切换器"一样帮助你从低效地读英语切换成高效地背英语;它能像"提词器"一样,不断地帮助你对背的内容进行提示,让你能一背到底。

谜底已揭晓,原来逆向学习法的高效源自背。离开了背,它不可能是高效的。在《学霸是这样练成的》的一书中,本人列举了若干个我是如何利用英语(外语)逆向学习法把班级、年级第二名远远抛在后面的例证。

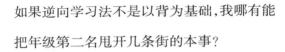

如果逆向学习法不是以背为基础,我哪有能把年级第二名甩开几条街的本事?

有人可能会说:"你的外语能力超群是因为你特别聪明和特别勤奋,与逆向学习法关系不大。"非也,聪明和勤奋也许能帮助某人维持班级,甚至年级第一名的位置,但能把年级第二名远远抛在后面的人,一定是身怀绝技的人,这绝技就是逆向学习法。

2. 英语逆向学习法的五大功能

功能 1:有助于把英语课文搞得滚瓜烂熟。

把学过的所有英语课文都搞得滚瓜烂熟是英语学习的最高境界,这是一个连英语老师都难以达到的高境界。英语逆向学习法的确能帮助你把学过的英语课文和课本搞得滚瓜烂熟。

英语逆向学习法的操作分成三步:（1）先把英语课文翻译成中文；（2）看中文译文背英文；（3）反反复复地背。每当你多实践一次看中文背英文,你就离把英文课文搞得滚瓜烂熟更近了一步。瓜熟蒂落,当你的看中文译文背英文的次数积累到一定数量,大约10次后,你就能感觉到,你已经或接近把所学的英语课文搞得滚瓜烂熟了。至于把英语课文翻译成相应的中文并不复杂,你可以把它当作一次英译中的家庭作业去完成它,也可以借助翻译软件完成它。

英语逆向学习法之所以有助于把英语课本搞得滚瓜烂熟,是因为它以背为基础。这既是读英语和逆向学习法的最本质的差别,也是逆向学习法高效的根源。

功能2:治愈英语口语难的良方。

"英语口语难,难于上青天"是绝大多数大中小学生对英语口语的无奈评价,而口语难的根源恰恰是读英语学习方法的固有缺陷所造成的。因为几乎所有的学生采用的都是读英文的方法,因此"英语口语难,难于上青天"就成了中国广大学生的通病,似乎无人能幸免。

让 我 们 以"Tomorrow, I shall travel to Guizhou"这句英文句子为例看看读英语学习方法问题的根源在哪里。当我们想表达"Tomorrow I shall travel to Guizhou" 这 句英文时,中国学生大脑的第一反应一定是"明天,我将去贵州旅游"的中文意思。在"明天,我将去贵州旅游"中文意思的指引下,大脑开始把明天、我、将去、贵州和旅游等英文词汇进行快速搜索,并组合成

不贪吃天鹅肉的蛤蟆不是好蛤蟆

"Tomorrow I shall travel to Guizhou" 的英文句子。这过程和我们笔试中的将"明天，我将去贵州旅游" 翻译成"Tomorrow I shall travel to Guizhou"是一致的，都是中译英。但是在传统的英语教学中，老师课堂上教的是"Tomorrow I shall travel to Guizhou"，而学生课后反反复复复习的也是"Tomorrow I shall travel to Guizhou"。在老师教和学生学的过程中，作为中国人用英语表达时必不可少的中文"纽带"或"引路人"，即"明天，我将去贵州旅游"的中文意思似乎从来就没有出现过，至少没有明显地出现过。读英语的学习方法人为地把连接中文和英文的纽带——中译英给弄丢了。因为在读英语教和学的整个过程中没有中译英的介入，存入到我们大脑中的就只有英文"Tomorrow

I shall travel to Guizhou" 和相应英语单词的信息。虽然我们脑子里也储存有与明天，我，将要，去，贵州，旅游相应的英语单词的信息，但因为这些单词没有连成句子，彼此之间是孤立的，因此当我们需要说出"Tomorrow, I shall travel to Guizhou"英文句子的那一刻，我们的大脑得花更多的时间去把这些相关的英语单词拼接起来组成完整的"Tomorrow I shall travel to Guizhou"这个英文句子，因此整个的表达过程必然是缓慢和迟钝的，有时还可能因为"掉链子"让英语表达无法进行下去。

与读英语的方法成鲜明对照的是，逆向学习法要求学生先把"Tomorrow I shall travel to Guizhou"翻译成中文"明天，我将去贵州旅游"，然后反反复复地看"明天，我将去贵州旅游"，背出"Tomorrow I shall travel to Guizhou"。大脑在储存"Tomorrow I shall travel to Guizhou"信息的同时也把对应的中文意思"明天,我将去贵州旅游"一并储存起来。在需要用英文表达类似的内容时,这些储备在我们大脑里的中文"纽带",或类似的"纽带"就会自动出现,让我们的英语口语表达既快捷又准确。当我们的大脑储存了大量的"中译英"的信息后,我们的英语表达将变得流畅。

有的英语老师说:"要学好纯正的英语,就不应该让中文参与其中。"此话从理论上似乎不错,但实际上是不可能实现的。

逆向学习法的巧妙之处是将英语,一种对中国人而言陌生无比的语言通过看中文背英文的方式"嫁接"到中文,一种中国人熟悉无比的母语上。逆向学习法是帮助中国学生彻底摆脱"英语口语难,难于上青天"困境的不二选择。

功能3:将英语学习、语法、口语练习、英语写作融为一体。

在补习班盛行的时候,为了提升孩子的英语能力,家长们常常把孩子送往"英语口语班",或"英语语法补习班",或"英语写作补习班"。如果用英语逆向学习法学习英语,家长们完全没有必要把孩子送往这些补习班了,因为:(1)你看中文译文背出的每一句英语本身就是在练习英语口语;(2)所有的英语语法知识都包含在看中文译文背英文的过程中,只要你能把看中文背英文做到熟练,你的英语语法知识一定是非常棒的;(3)英语写作能力也都包含于看中文译文背英语的过程之中。

虽然英语逆向学习法能将英语学习、口语练习、语法知识和英语写作融为一体,但为了更有效、更系统、更牢固地掌握这些知识,建议你把英语语法和英语写作的知识各列一张表,并不时地拿出来看看,以达到学而时习之和温故知新的目的。

逆向学习法可以免去你单独花时间去学习英语语法、英语写作、英语口语,一箭四雕,事半功倍。

功能4:既能"脱贫",还能"致富"。

英语逆向学习法的两大特征是:(1)它以背为基础;(2)程序化。逆向学习法的操作程序简单明了:第一步是先把英语课文翻译成中文;第二步是看中文译文背英文10次以上。凡按此流程操作的人,他们的英语成绩和口语能力一定能突飞猛进。程序化还让智商在英语学习中的作用不再是决定性的因素。

逆向学习法的程序化流程为那些英语基础差，自认为智商不如人的学生带来了前所未有的希望。

在每一个学校的每一个班级里，按英语学习成绩划分总有上、中、下之分。虽然这三个等级中的许多学生也曾为了提升他们各自的成绩做过不懈的努力，但因为方法不对，他们"脱贫"，想摘去成绩差"帽子"的愿望，或"致富"，想让自己的英语学习成绩名列前茅的计划却总是难以实现。令人鼓舞的是，英语逆向学习法对各类的学生，基础差的，中等的，好的都有效果。今天，当你知道英语逆向学习法后，如果你能按英语逆向学习法去操作,先把课文翻译成中文,然后反反复复地去看中文译文背英文,你的"脱贫"或"致富"计划一定能实现。如果从初一或高一起,你用逆向学习法学英语,你的英语中高考成绩接近满分是完全可能的。如果你从大一就用逆向学习法学习英语,你考研的英语成绩将一马当先,无人能及。

功能 5:为将来的中高考和考研储蓄能量。

读英语和以背为基础的英语逆向学习法的最大差别之一是:通过读英语记得的知识是不牢的,容易忘记;而以背为基础记忆的英语知识是比较牢固的,不容易忘记。在中高考,或考研来临之前,所有学生的时间都不够用,因为他们除了要复习初三,或高三,或大四的功课外,还得花大量的时间去复习初一、初二,或高一、高二,或大一、大二、大三的功课。

当你需要复习初一、初二,或高一、高二,或大一、大二、大三的课本时,你可以把原来大声朗读过的中文译文拿出来,"重操旧业"再大声朗读若干次,你原来学过的,已忘却的知识很快就能得到恢复。如果你用的方法仍旧是读英语的方法,你得花成倍的时间让原来的知识得以复原。

3. 英语教师对英语逆向学习的评价

英语老师对英语逆向学习法的评价至关重要。如果英语教师对英语逆向学习法不认同,甚至持怀疑态度,那英语逆向学习法一定是有问题的。虽然所有的英语教师从未听说过英语逆向学习法,但在他们了解英语逆向学习法之后，他们无一例外地都会给予逆向学习法以极高的评价。例1：宝鸡市姜谭联中英语高级教师吕品在评价英语逆向学习法时说："英语逆向学习法独辟蹊径，效果独特。其最大价值是能帮助学生实现从低效读英语向高效背英语的切换。"为了阐明他的观点，他补充说，"我所在的高中在历届高考中语文成绩表现优异的奥秘是学校强制性要求学生从高一到高三背50—80篇以上的作文范文。我，作为英语老师一直想把本校语文科目'背'的成功经验移植到英语学习中。我也尝试过让我的学生背上50篇以上的英语课文，希望能帮助他们在全国英语高考中考得高分。遗憾的是我尝试多年，未见成效。可能是因为英语毕竟不是我们的母语，靠死记硬背难度实在太大。但在我看了英语逆向学习法后，我如梦初醒，英语逆向学习法正好破解了我冥思苦想近 20 年而未能如愿的难题。"例2：中央电视台曾就英语逆向学习法采访过上海金汇高中英语高级教师赵赛兰，达 40 分钟之久，并在全国媒体上播放过。在采访视频中赵赛兰说："一百多年以来，几乎所有的人学习英语的方法都是读英语。读英语简单易行，拿起课本就能读，但很快就忘记了。王启松发明的英语逆向学习法巧妙地将低效地读英语切换成高效地背英语，不仅帮助学生讲得一口漂亮的英语，考得高分，而且还能把英语学习、英语口语练习、语法学习和英文写作融为一体。"

我期待英语逆向学习法能在全国得到普及那一时刻的到来，一旦英语逆向学习法蔚然成风,成为中国大中小学学生学习英语的主流方法,中国的英语整体水平,特别是口语能力有望大幅提升。把英语逆向学习法推向全国是我耄耋之年的梦想,功在千秋,值得一试。

4. 期盼英语逆向学习法走出国门那一华丽时刻的到来

每次去国外旅游,我总会刻意找那些会说中文的外国导游攀谈,问他们国家的学生是怎么学英语的。不出所料,这些导游告诉我,他们国家学生学习英语的方法也都是读英语的方法。当我把高效的英语逆向学习法告诉他们后,他们都惊讶地说:"啊,原来英语还可以这样学。"我还告诉他们,我正在写一本关于英语逆向学习法的书,并问他们是否有兴趣把我的书翻译成他们各自国家的语言,并就地出版。他们不仅欣然同意,而且还期盼尽早实现。如果有一天,英语逆向学习法能走出国门,那时这充满东方智慧的英语逆向学习法不仅是中国的,也是世界的。我期待这一华丽时刻的到来。

二、高密度学习法

1. 高密度学习法概述

高密度学习法适用于除数学、英语、作文之外的语文、物理、化学、生物、政治、历史和地理等学科。高密度学习法试点班适合初高中生和大学生,不适合小学生,因为小学生尚不具备把课文进行浓缩的能力。

高密度学习法的具体含义是鼓励学生将语文、物理、化学、生物、政治、历史,地理等学科的课文用各自的语言进行浓缩,把厚厚的课本浓缩成体积小 5 倍左右,密度也相应增加 5 倍左右的精华本。与原课文或课本比,精华本在保留课文或课本原汁原味的基础上密度大大增加了,故得名高密度。当精华课文和精华课本编写完毕,你不必再去看原来的课本了,你只需大声朗读精华本。浓缩 5 倍左右是一个大概的数字,每个学生可以根据自己的情况和课文的难易程度制定适合自己的浓缩倍数。浓缩倍数的多少与课文内容和对课文的理解深度有关,对课文理解得越深,可浓缩的倍数越高。浓缩可以利用平时的时间,不必等到期末考试前才去浓缩。

2. 高密度学习法的六大功能

功能 1:提高学习效率。

如果课本浓缩的倍数是 5 倍,复习的效

率也有大约 5 倍的提高。

为了形象地表达高密度学习法的高效率，我曾在给中学生演讲时说："假如爱因斯坦能复活，和你们在一个班读书，如果你用上高密度的学习方法，期末考试时爱因斯坦未见得考得过你，因为你的高密度课本只有爱因斯坦课本的 1/5 左右厚，爱因斯坦复习一遍课本花的时间，你可以复习 5 遍。"虽然这些话带有开玩笑的成分，但它的确表明，高密度学习法能大幅提高学习的效率。

功能 2：加深对课文的理解。

能将所学的课文进行浓缩若干倍的前提是对课文的充分理解，对课文一知半解是无法进行浓缩的。对课文理解得越深，浓缩的倍数越高。课文中不理解的地方像马路上的障碍物，不清除它，这些"障碍物"可能成为日后考试的隐患。为了让浓缩进行下去,高密度学习法倒逼学生去深刻理解课文中的每一段内容,甚至每一个字。浓缩过程中,一旦发现有不理解的"障碍物",学生可以自己设法清除它,也可以在老师的帮助下清除它。当一个个的"障碍物"被清除后,借助于浓缩版的精华课本的作用,在所有的大中小学考试中,你将稳操胜券,一马当先。

功能3:有助于把课本搞得滚瓜烂熟。

把中学所学的语文、物理、化学、生物、政治、历史和地理中所有课本都搞得滚瓜烂熟是学习的最高境界。如果你复习的不是高密度的精华本,而是原课本,要把所学的课本搞得滚瓜烂熟将是一个海量的任务,因为学生应对的不是一门,而是七八门学科;每门学科都有10余篇课文,而每一篇课文的篇幅都很长。如果你用的是浓缩了 5 倍左右的精华本,情况将出现大逆转。你只需花大约五分之一的时间就能把整本书搞得滚瓜烂熟。一旦你把所有学科的所有课文都搞得滚瓜烂熟,你不仅可能成为班级和年级第一名,你还具备了把年级第二名远远抛在后面的能力。

功能 4:让你拥有把语、物、化、生、政、史、地的课本背出来的奇妙感觉!

要求初中生和高中生把学过的语文、物理、化学、生物、政治、历史、地理等课本,哪怕是其中的一门课本都背出来的想法既疯狂又不现实,但高密度学习法能帮助你有着似乎能把语、物、化、生、政、史、地的课本全背出来的奇妙感觉。

六七年前,我应大连医科大学之邀做过

励志和学习方法的演讲。演讲后，粉丝李庆伟和我攀谈起高密度学习法。他说想试一试。若干年后，在写给我的信中，他告诉我说："当我把厚达几百页的各科医学课本浓缩成几十页的精华本后，我不再去看原课本了，而是反反复复地去读那精华本。在大声朗读 10 余遍后，我似乎有了能把整本书都背下来的美妙感觉。"李庆伟同学的反馈的确令人鼓舞，值得大力推广，因为他复习时用的只是读，并没有刻意地去背，但他得到的结果却是似乎能把整本书背出来的奇妙感觉。

李庆伟的话让我兴奋了好几天。半个多世纪前，我就是那样学习的。今天我终于看到两高学习法后继有人了。

高密度学习法加上大声朗读，如虎添

翼,让原本高效的高密度学习法的效果再次放大。

功能 5：为将来的中高考和考研储蓄能量。

高密度学习法的最大功能之一是能帮助你把学过的所有功课搞得滚瓜烂熟。一旦课本被搞得滚瓜烂熟,它就不大容易被忘记。在中高考或考研前,所有学生的学习时间都不够用,因为他们除了要复习初三,或高三,或大四的功课外,还得花大量的时间去复习初一、初二,或高一、高二,或大一、大二、大三的功课。如果你用的是高密度学习法,你已经把所有学过的功课搞得滚瓜烂熟了,因此当你再去复习初一、初二,或高一、高二,或大一、大二、大三的功课时,你花比其他同学更少的时间就能让你曾经掌握的知识得到恢复，因此，你在中高考或考研中能有更出色的表现。

用高密度学习法，不考高分都难。

功能6：有利于写作能力的提升。

如何提高初高中学生的作文写作能力似乎是一个世纪难题，因为，（1）作文写作不同于所有其他学科，它是没有标准答案的。对于一个没有标准答案的学科，我们就不知道从哪个方向下力气；（2）没有针对性强的参考书。

但高密度学习法却为学生提高写作能力提供了难得的机会，这是因为高密度学习法要求把语、物、化、生、政、史、地的课文进行浓缩，而浓缩的过程就是在练习写作。而且这样练习写作的机会是非常频繁的。假设语、物、化、生、政、史、地每学期课本平均有 15 篇文章，一个学年的文章数就有 30 篇，七门学科就包含了 200 多篇文章。这 200 多篇文章仅仅是一年的工作量。如果把初一到高三所有的学科的文章总数加起来，它相当于 1200 篇文章等待学生去浓缩。换言之，在中学的六年里，高密度学习法给了我们 1200 次练习写作的机会。而用传统学习方法学习语、物、化、生、政、史、地等学科时，我们就没有这样的好机会，因为传统学习方法采用的只是看或读。

3. 教师对高密度学习法的评价

教师是教学的主体，因此他们对高密度学习法的评价至关重要。高密度学习法曾得到众多教师的赞誉和好评：例 1：山东第一实验中学的政治高级教师杜盛昌老师说："用常规的学习方法复习化学、生物、政

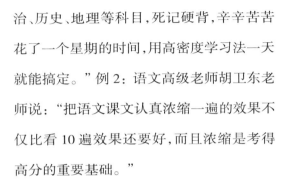

治、历史、地理等科目，死记硬背，辛辛苦苦花了一个星期的时间，用高密度学习法一天就能搞定。"例2：语文高级老师胡卫东老师说："把语文课文认真浓缩一遍的效果不仅比看10遍效果还要好，而且浓缩是考得高分的重要基础。"

4. 把英语逆向学习法和高密度学习法推向全国的光荣使命

虽然从读书的效率上，英语逆向学习法和高密度学习法具有无可比拟的巨大优势，但要让学生自觉自愿地接受和仿效逆向学习法和高密度学习法是有难度的，这是因为这两个学习方法本身是比较辛苦的，大多数学生在没有尝到甜头之前，他们未必愿意去尝试。

要把这英语逆向学习法和高密度学习

法推向全国,并希望将来有朝一日成为大中小学学生的主流学习方法,最有效的办法是让中小学直接将这两个学习方法纳入他们的教学活动中。然而要让中小学的校长和老师们自觉自愿,甚至主动地把这两个学习法用于教学得过三关:(1)必须得到全体校领导和老师们的高度(非一般的)认同;(2)英语逆向学习法和高密度学习法能完美地与常规的教学融为一体,不冲突,不矛盾;(3)易于操作。幸运的是,英语逆向学习法和高密度学习法能完美地满足这三个条件。

良好的开端是成功的一半。令我感到欢欣鼓舞的是,已有来自山东、湖北、云南的五所中学近100个英语、化学、生物、政治、历史、地理的试点班开始运行,并已初见成效。

　　我期待英语逆向学习法和高密度学习法能成为中国广大大中小学学生读书的主流方法。这是一个功在千秋的伟大尝试。

2

"刻意练习"助你

梦想成真

托尔斯泰说："人类的幸福和欢乐在于奋斗，而最有价值的是为理想而奋斗。"从托尔斯泰的话中我们可以看出，实现理想是需要奋斗的。没有奋斗的理想如水中月，镜中花，是不能持久的，甚至是毫无意义的空谈。

怎样去为理想奋斗？《刻意练习——如何从新手到大师》一书为我们提供了答

案。"刻意练习"一词之所以
成为当今中国的流行词是因为
它是畅销书《刻意练习——如
何从新手到大师》的书名。此
书是美国著名心理学教授安
德斯·艾利克森博士和久负盛
名的两家出版物"Nature"和
"Science"的主编罗伯特·普
尔博士的呕心沥血之作。两
位作者在对大量来自体育、
音乐、国际象棋、科学、医学、军
事、教育、商界等不同领域的世
界级的杰出人物的成功原因进
行长达 30 年的跟踪研究后发
现,他们的成功并非他们的天
赋和智商有多高,而是因为他

们都有着共同的·"刻意练习"的良好习惯。从这本书可以看出，"刻意练习"是实现理想的必由之路。

刻意练习由刻意和练习两个词组成，"刻意"是其重点。中国的两亿多学生每天都在"练习"，但"刻意"者寡。刻意者寡是因为"刻意练习"是需要巨大付出的，它需要追求完美和吃苦耐劳精神的支撑。

虽然我永远不可能成为安德斯·艾利克森博士和罗伯特·普尔博士笔下的大师，但我或许算得上是一个"刻意练习"的践行者。

比如：我为了想考上黄鸣龙教授的研究生，我不仅刻苦学习，而且还处心积虑地发明和总结了一整套可以把各科学习成绩提高到极致的英语（外语）逆向学习法和高密度学习法。

再比如,为了实现成为中国,乃至全世界 DNA 合成领域中的翘楚,我含辛茹苦,不顾面子和疲劳,走访了坐落在全国,分散在各大中小城市大街小巷的近万家实验室,历时 500 多天。

把安德斯·艾利克森博士和罗伯特·普尔博士笔下的大师和当今我们大力弘扬的匠人做一对比,我们会发现,二者实际上是一致的。安德斯·艾利克森博士和罗伯特·普尔博士笔下的大师也可以称作匠人,只不过他们属于高级或超级匠人。

匠人本属于成年人,但匠人精神是每一个人包括学生都能拥有的。根据我的体会,学校恰恰是培育匠人精神的最佳场所,而学生时代是培育匠人精神的最佳时期,因为从小学到大学毕业,我们花在读书上的时间长达 16 年之久。如果把读硕、读博算进来,长达 20 多年。整个人生四分之一的时间都花在学习上。在这段漫长的人生历程中,我们是否能成为追求完美和吃苦耐劳的人,或者成为其反面,变成一个做事敷衍了事和贪图安逸的人都能在学生时代一见高下。

普遍认为,匠人精神是在工作单位磨炼出来的。实际上,匠人精神完全可以通过读书得到磨炼和提高。

以前,我们常说:学好数理化,走遍天下都不怕。今天,这句话应该改成:有了追求完美和吃苦耐劳的精神,走遍天下都不怕。

3

时间是换取成功

的法宝

　　理想和成功是学生们最为关注的话题之一。但怎样去实现理想,怎样才能拥有一个成功的人生却一直是困惑大多数学生的难题。

　　大多数学生自幼就有着各式各样,或大或小的理想。可惜的是,在遇到困难时,特别是遇到强大竞争对手时,大多数人因为对对手的畏惧,纷纷退场了,使原本美好、甜蜜、充满激情的梦想销声匿迹。

面对强大竞争对手时怎么办？最好的办法是把时间这个利器利用起来，制定一个5年、或10年、甚至20年的艰苦奋斗的远景规划。

对于用时间取胜，我有切身体验。例如：在50年前，当我来到高手如林、牛人成群的中科院生物化学研究所的时候，作为一个生物学和英语"双文盲"的我并没有气馁，而是勇往直前。我用了10年的时间，让自己和大多数精英达到平起平坐的水平；用了20年才保持遥遥领先，并获得诸多的殊荣。在商业上，为了成为中国生命科学产品行业中的翘楚，我艰苦奋斗了整整10个年头。

哈佛大学曾做过一个跟踪长达25年的

大面积的关于大学毕业生毕业后工作表现的调查。调查的结果显示,在绝大多数单位里,大约有 27% 的人是没有上进心和理想的,过着得过且过的日子。有 60% 的人的目标含糊不清,他们也有点上进心,但不太刻苦。有 10% 的人非常上进,他们有清晰但比较短期的目标,他们能刻苦钻研,但目标达到后,他们会选择休息一阵子。只有3%的人有长期而又明确的目标,能把他们各自的专业做到精益求精。最后, 3% 的人不仅事业有成,而且还是各行各业的翘楚。这3% 的人群和安德斯·艾利克森博士和罗伯特·普尔博士笔下的大师比较接近。虽然这份调查报告记述的是美国的情况,但它也完全适用于中国,因为在中国的每一个单位里,大致也可以把人分成四组,其比例也大

不贪吃天鹅肉的蛤蟆不是好蛤蟆

致相同。

从那份追踪哈佛大学长达 25 年跟踪报告中的 3% 的人群和《刻意练习——从新手到大师》一书笔下的众多大师们的人生轨迹中，我们就会发现他们都是异常刻苦的人，他们一辈子花在学习和工作上的时间超过，甚至远远超过其他人。他们的成功实际

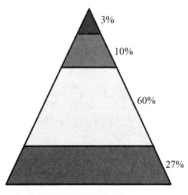

● 每个单位里的四组人群

上都是他们用各自的时间换来的,时间是他们获得成功的法宝。

用时间换取成功不是一句戏言,而是真真切切的事实,是所有成功人士秘而不宣的成功秘籍。

听听我和我的粉丝李庆伟的一席对话,也许能帮助你们更好地理解时间换取成功的具体含义。大连医科大学毕业的李庆伟同学是我多年前的粉丝。他正在读内科硕士。在一次聚餐时,他问我:"人生苦短,怎样才能干出一番大的事业。"我说:"这要看你的志向。如果你是一个有理想,贪吃'天鹅肉'的人,你就会发现有许多大事可做。在你的上空就有两只飞翔的'天鹅'。其一是:你可以力争在 20 年后成为那时中国最有名的内科医生之一;二是:你可以花 20 年的时间写一本内科大全的书。如果你能完成这两项使命,哪怕是其中的一个都是非常了不起的成就。"我补充说,"完成这两件事,你成功的概率应该是不低的,因为:(1)绝大多数读内科的大学生、硕士生、甚至博士生并没有这样的志向;(2)即使有少数人也曾有过,但当他们看到竞争对手有百万之众的时候,他们的绝大多数因为望而生畏会选择逃离。因此,最终留在竞争场上的对手并不多。"他迟疑了一会儿后问我:"做 20 年的准备,那也太辛苦了吧!那我会不会变成一个只知道读书,没有生活情趣的书呆子?"我说:"怎么可能变成书呆子?你做 20 年的准备并不是要你每天、每时、每刻都去准备。在这 20 年中,你一边做准备,一边干其他你喜欢的事,比如体育

锻炼、旅游、家庭团聚、交友等等。你完全
可以把刻意练习和享受生活相互联系在一
起。"为了解开他的疑惑,我补充说,"就
我所知,绝大多数成就大业的人,包括为数
众多的诺贝尔奖得主,他们不仅不是书呆
子,而且他们的业余生活和家庭生活也是美
满和丰富多彩的。"我还说,"我奋斗了一
辈子,你看我是不是书呆子?除了刻苦学习
外,我有许多爱好,我喜欢运动,我还是足球
运动员,我的家庭生活也是美满和幸福的,
我还喜欢旅游、园艺、看电影、交友等等。"

虽然我对李庆伟的建言有些差强人
意,但那是我的肺腑之言,也是我的处世之
道。我的80年人生不仅是贪吃"天鹅肉"
的一生,而且我还是非常自信的人。而我的
强大自信来自我对时间的独特看法,我把时

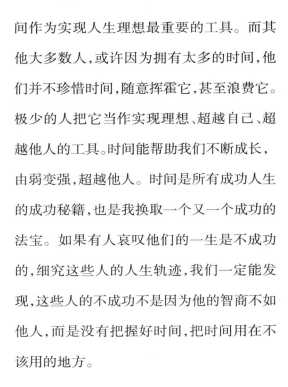

间作为实现人生理想最重要的工具。而其
他大多数人，或许因为拥有太多的时间，他
们并不珍惜时间，随意挥霍它，甚至浪费它。
极少的人把它当作实现理想、超越自己、超
越他人的工具。时间能帮助我们不断成长，
由弱变强，超越他人。时间是所有成功人生
的成功秘籍，也是我换取一个又一个成功的
法宝。如果有人哀叹他们的一生是不成功
的，细究这些人的人生轨迹，我们一定能发
现，这些人的不成功不是因为他的智商不如
他人，而是没有把握好时间，把时间用在不
该用的地方。

照 片 集

● 王启松接受中央电视台《非凡匠人》栏目组采访,介绍英语逆向学习法和高密度学习法

●王启松接受中央电视台《品质之路》节目组采访，介绍英语逆向学习法和高密度学习法

●赵赛兰，英语高级教师接受《阅读阅中国》栏目组和央视采访，介绍新书《学霸是这样练成的》

不贪吃天鹅肉的蛤蟆不是好蛤蟆

● 山东省济宁市汶上县第一实验中学的学生用高密度学习法学习的场景

● 湖北师范大学附属中学（原黄石一中）决定将英语逆向学习法和高密度学习法融入他们的英语、化学、生物、政治、历史、地理的教学之中。此图是各教研组组长正在商讨实施的细节

● 山东省济宁市汶上县第一实验中学的王娟老师用高密度学习法教授生物学

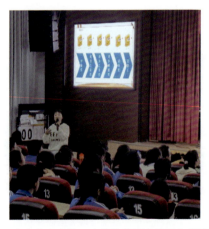

● 云南省文山市第一中学的英语老师正在用英语逆向学习法教授英语

不贪吃天鹅肉的蛤蟆不是好蛤蟆

● 山东省济宁市汶上县第三实验中学的英语老师正在用英语逆向学习法教授英语课

● 王启松给大学生演讲的场面之一

不贪吃天鹅肉的蛤蟆不是好蛤蟆

● 王启松给大学生演讲的场面之二

● 王启松给大学生演讲的场面之三

不贪吃天鹅肉的蛤蟆不是好蛤蟆

● 王启松给大学生演讲的场面之四

● 王启松给大学生演讲的场面之五

● 王启松给大学生演讲的场面之六

● 王启松给大学生演讲的场面之七

不贪吃天鹅肉的蛤蟆不是好蛤蟆

● 王启松演讲后与部分师生的合影之一

● 王启松演讲后与部分师生的合影之二

不贪吃天鹅肉的蛤蟆不是好蛤蟆

● 王启松演讲后与大学生互动的场面之一

● 王启松演讲后为大学生签名的场面之一

不贪吃天鹅肉的蛤蟆不是好蛤蟆

● 王启松演讲后为大学生签名的场面之二

● 王启松演讲后为大学生签名的场面之三

不贪吃天鹅肉的蛤蟆不是好蛤蟆

● 王启松演讲后学生索要签名的场面之一

● 2014年,王启松为母校湖北师范大学附属中学
(原黄石一中)捐款100万人民币

不贪吃天鹅肉的蛤蟆不是好蛤蟆

● 2014年12月30日,生工生物工程(上海)股份有限公司成功在香港上市

● 2014年12月30日,生工生物工程(上海)股份有限公司上市的当天王启松答记者问的场面

不贪吃天鹅肉的蛤蟆不是好蛤蟆

● 1992年于罗马,自左至右,长女王珞珈,次女王瑾,王启松,闵永洁

● 上海女孩赵明非仿效高密度学习法后,学习成绩突飞猛进

不贪吃天鹅肉的蛤蟆不是好蛤蟆

● 大连医科大学学生李庆伟在仿效两高学习法后，学习成绩大幅提高，深受同班同学的羡慕

不贪吃天鹅肉的蛤蟆不是好蛤蟆

新书预告

书名：《学霸是这样练成的：“两高”学习法实战操作指南》

出版社：哈尔滨出版社

内容简介：本书是一本介绍学习方法的书籍，除作者本人外，还有九名各学科的优秀教师参与编写。本书包含五个章节：第一章《是什么影响了你的学习成绩》，第二章《“两高”学习法》，第三章《运用“两高”学习法学好语、数、英、物、化、生、政、史、地》，第四章《探索用英语逆向学习法和高密度学习法教学》，第五章《“两高”学习法的精神内核》。

本书记述的英语逆向学习法和高密度学习法以高效性、实用性、独创性著称，曾得到众多教师的高度赞扬。此外，英语逆向学习法和高密度学习法曾作为《非凡匠人》和《品质之路》栏目组一部专访的重要内容，在中央电视台播放过。